太阳短波辐射的分布式模拟及评估研究

孙　娴　姜创业　王娟敏　著

气象出版社
China Meteorological Press

内 容 简 介

本书以准确计算、科学评估太阳能资源,为合理、有效地开发利用太阳能提供科学依据为目的,立足学科前沿,从太阳辐射机理入手,应用多种新技术、新方法,将地理信息科学、遥感科学与技术等现代空间信息技术与大气科学等多种学科有机融合,改进并提出新的太阳能估算模型,设计太阳能评估指标体系和评估方法,建立太阳能资源评估业务系统,并以陕西省为例,计算了全省太阳能资源分布,为有关部门开发利用太阳能资源提供科学依据。

本书内容丰富,图文并茂,学术性与实用性并举,可供从事太阳能应用、研究和设计等工作的专业人员使用,也可作为研究机构和高等院校相关专业的参考用书。

图书在版编目(CIP)数据

太阳短波辐射的分布式模拟及评估研究/孙娴,姜
创业,王娟敏著. —北京:气象出版社,2015.12
ISBN 978-7-5029-6301-9

Ⅰ.①太… Ⅱ.①孙… ②姜… ③王… Ⅲ.①太阳辐
射-短波辐射-研究 Ⅳ.①P442.1

中国版本图书馆 CIP 数据核字(2015)第 301260 号

Taiyang Duanbo Fushe de Fenbushi Moni ji Pinggu Yanjiu
太阳短波辐射的分布式模拟及评估研究
孙 娴 姜创业 王娟敏 著

出版发行:气象出版社

地　　址:北京市海淀区中关村南大街 46 号	邮政编码:100081	
总 编 室:010-68407112	发 行 部:010-68409198	
网　　址:http://www.qxcbs.com	E-mail:qxcbs@cma.gov.cn	
责任编辑:吴晓鹏 陈 蕊	终　　审:黄润恒	
封面设计:博雅思企划	责任技编:赵相宁	
印　　刷:中国电影出版社印刷厂		
开　　本:700 mm×1000 mm　1/16	印　　张:12.5	
字　　数:236 千字		
版　　次:2015 年 12 月第 1 版	印　　次:2015 年 12 月第 1 次印刷	
定　　价:50.00 元		

前　言

IPCC 第五次评估报告（AR5）认为，人类活动极可能导致了 20 世纪 50 年代以来的大部分全球地表平均气温升高。大气中 CO_2 浓度比工业革命前水平上升了 40%，主要是由于化石燃料的燃烧。太阳能发电是摆脱对化石燃料的依赖，减少温室气体排放的重要手段之一，太阳能发电潜力巨大。近年来，随着技术的进步，太阳能资源的经济优势逐步显现，其开发利用已进入商业化快速发展阶段。近 10 多年来，全球太阳能光伏发电累计装机规模以平均每年近 30% 的速度增加，截至 2013 年底全球累计光伏装机容量为 138.9GW，其中 2013 年新增装机容量超过 38.4GW，超过了 2012 年新增的 29.9GW 和 2011 年新增的 28.7GW。2013 年，我国新增装机量达 11.3GW，同比增长 122%，其中光伏大型地面地站约为 7GW，分布式发电约为 3GW。科技部发布的《太阳能发电发展"十二五"规划》中，明确将太阳能发电作为我国"十二五"规划中可再生能源的重点规划内容之一。国际能源署发布的《2014 年世界能源展望》报告对 2040 年的全球能源图景进行了展望，报告指出得益于成本下降和补贴政策，可再生能源技术迅速发展，成为全球低碳能源供应的重要支柱。到 2040 年，可再生能源发电量将占全球新增发电量的近一半。在全球范围内，风力发电量占可再生能源增长份额的比重最大（34%），其次是水力发电（30%）和光伏发电（18%）。

在中国气象局成立 60 周年之际，胡锦涛总书记首次将提高开发利用气候资源能力和气象预测预报能力、气象防灾减灾能力、应对气候变化能力提到同等重要的地位。2014 年 6 月 13 日，习近平主席主持召开中央财经领导小组第六次会议，研究我国能源战略，提出了能源革命的口号，包括能源消费革命、供给革命、技术革命和体制革命。因此，为切实增加我国可持续发展的资源保障能力，大力提升气象资源为可持续发展的服务能力和支撑能力，加强风能、太阳能等可再生气象资源的开发利用技术研究工作，开展太阳辐射能的精细化评估技术研究，获得面向国家宏观决策的精细化资源评估结果和面向工程应用的针对性资源参数显得非常迫切和重要。

实际地形下太阳辐射的时空分布是天文因子、大气物理因子、宏观地理和局地地形因子共同作用的结果，机理复杂，一直是地理学和大气科学研究领域的难点问题之一。本书系统地分析了各因子对太阳辐射的影响机理，从多学科交叉的研究思路出发，以分布式模型为核心技术，利用日射站水平面观测数据，建立了晴空指数等综合描述大气物理因子和气象因子等对太阳辐射影响参数的估算模型来解决天空因素对直接辐射的影响；依据太阳光线与起伏地形之间的几何关系，通过数值模拟山地天文辐射、地形开阔度来解决地形因子（坡度、坡向以及地形遮蔽）对太阳辐射的影响；依据坡面太阳辐射的不同形成机理，提出更加完善的山地太阳辐射分布式模型，实现山地太阳辐射时空分布的分布式模拟。以陕西省为例，以 100m×100m 分辨率的 DEM 数据作为地形的综合反映，计算了实际地形下陕西省各太阳辐射分量的时空分布。同时，研究山地太阳辐射的形成机理，探讨不同 DEM 分辨率对山地太阳辐射计算的影响。

根据研究成果建立太阳能评估指标体系，对陕西省太阳能资源进行精细化评估，并开发了陕西省太阳能资源评估业务系统。本书探索了一套理论基础充分、计算结果可靠的水平面、山地太阳辐射空间扩展方法，可为各级政府宏观决策和各类光伏发电工程应用提供科学依据；对建立非均匀下垫面气象要素的分布式模型以及非均匀下垫面的能量平衡的模拟具有重要的理论意义和应用价值；还可以为相关研究和应用领域提供山区太阳辐射基础数据。

本书第 1—8 章由孙娴、姜创业主笔；第 9—10 章由王娟敏主笔；校对由雷杨娜、张文静负责。

感谢南京信息工程大学的邱新法教授、李梦洁给予的具体帮助；感谢南京师范大学林振山教授的意见和建议；在本书的编审过程中，气象出版社的吴晓鹏等编辑人员也提出了许多宝贵建议，给予了很大的支持和帮助，在此一并表示感谢。

由于作者水平所限，书中不妥和错漏之处恳请读者批评指正。

孙　娴
2015 年 1 月

目 录

第1章 绪 论

太阳能辐射是地球气候形成的最重要因子,也是各种可再生能源中最重要的基础能源,生物质能、风能、海洋能、水利能等都来自太阳能。太阳能作为一种清洁的能源,又是可再生能源,有着矿物能源不可比拟的优越性。经测算表明:太阳每秒能够释放出 3.86×10^{23} kJ 的能量,而辐射到地球表面的能量虽然只是它二十二亿分之一,但也相当于全世界目前发电总量的 8 万倍。因此太阳能资源十分丰富,是可再生能源中最引人注目、开发研究最多、应用最广的清洁能源。作为 21 世纪最有潜力的新兴能源之一,太阳能产业的发展潜力巨大。

能源是经济和社会发展的重要基础。近年来,随着全球经济的快速发展,世界能源需求快速增长,化石能源大量消费导致的资源短缺和环境污染及气候变化等问题日益突出。根据联合国政府间气候变化专门委员会(IPCC)相继发布的相关评估报告,全球气候变暖已是一个不争的事实,未来 100 年全球气候还将持续变暖,并将对自然生态系统和人类生存环境产生巨大影响。我国是受气候变化影响最为严重的国家之一,也是温室气体排放大国,适应和减缓气候变化面临着巨大的政治和外交压力。大力开发利用清洁的气候资源,减少对化石能源的依赖,减轻环境污染,减缓全球气候变化,共同推进人类社会可持续发展,已成为世界各国的共识。为此,世界上许多国家和政府都把加快开发利用风能、太阳能作为调整能源结构、减少温室气体排放的有效途径之一。开发利用太阳能等可再生能源是可持续发展能源战略决策、有效减少温室气体排放、应对气候变化的关键。而太阳能资源准确科学评估是其开发利用的前提和重要保障。

因此,从气候学角度研究太阳辐射能在大气中的传输及在地球表面的交换和分布规律,是气候学研究的首要任务之一,一直受到气候界的重视。目前,太阳能资源准确计算、精细化评估及标准化建设等方面的研究和业务化明显滞后社会发展需求。随着太阳能应用技术不断进步,各级政府的支持政策必将进一步完善,准确、科学地计算评估太阳能资源将成为大规模开发利用太阳能资源

的关键技术之一。建立新的太阳能估算模型、评估指标和评估方法,研发太阳能评估系统,具有重要的现实意义。

1.1 研究背景及意义

1.1.1 开发利用可再生能源是应对气候变化的要求

全球气候变化是当前国际社会普遍关注的重大全球环境问题之一,限制和减少化石燃料产生的 CO_2 等温室气体的排放,已成为国家社会减缓全球气候变化的重要组成部分。

2014 年联合国政府间气候变化专门委员会(IPCC)发表了"第五次全球气候变化评估报告"。这份报告综合了全世界科学家 6 年来的科学研究成果,报告明确指出:气候系统变暖是毋庸置疑的,从 1850 年以来的过去 30 年里,每 10 年的地球表面温度都依次比前一个 10 年的温度更高。在北半球有此项评估的地方,从 1983 年至 2012 年的时期可能是过去 1400 年里最热的 30 年。全球地表气温平均值从 1880 年至 2012 年升高了 0.85 ℃。研究认为:全球平均温度升高很可能是人为排放温室气体浓度增加所导致的。在 1970 年至 2010 年间,人为温室气体排放继续增加,尽管气候减缓政策的数量不断增加,但 2000 年至 2010 年间仍出现了更高的绝对增加。在未来几十年内,全球人为温室气体排放将会继续增加,这将导致进一步的增暖,报告预测,2081 至 2100 年期间的全球地表温度有可能比 1851 年至 1900 年高 1.5 ℃,21 世纪海平面将至少上升 26 ~55 cm。因此限制和减少化石燃料燃烧产生的 CO_2 等温室气体的排放,已成为国际社会减缓全球气候变化的重要组成部分。

根据国际能源署(IEA)的统计结果,全球 CO_2 排放量在经历了 2009 年的下降(降幅 1%)及 2010 年激增(增幅 5%)之后,2011 年全球 CO_2 排量增加了 3%,与前一年相比,达到了总排量 340 亿吨的历史最高点。全球五大 CO_2 排放国家依次为(括号内为 2011 年各国排放量在总排放量中所占百分比):中国(29%)、美国(16%)、欧盟(11%)、印度(6%)、俄罗斯(5%),紧随其后的是日本(4%)。2011 年全球煤炭消耗量增长 5%(所排放的 CO_2 占总排量的 40%),而全球消耗的天然气和石油产品仅分别增长 2% 和 1%(BP,2012)。在过去的十年里,CO_2 年均排放量增长了 2.7%。由此可见,在经历了全球经济危机两年的严重影响和 2010 年的复苏之后,2011 年 CO_2 排放量增长率达到 3%,全球 CO_2 排放将继续前十年的趋势。2011 年中国的 CO_2 排放量猛增 9%,达到 97 亿吨。据中国国家统计局(NBS,2012)报告,该增长量与火力发电(主要是燃煤发电站)(14.7% 的增长率)、钢铁生产(也有大型煤炭用户)(7.3% 的增长率)和水泥生产(10.8%的增长率)的增长趋势一致(国际能源署(IEA)),CO_2 Emissions from Fuel Combustion 2012)。可见中国能源消费结构中煤炭比例偏高,CO_2 排放增长较快,其中二氧化硫、氮氧化物、一氧化碳、烟尘等大气污染物造成的酸雨、呼吸道疾病等已经严重威胁地区经济发展和人民生活健康。

为积极应对气候变化,减少化石能源的排放,中国政府做出了一系列重大举措:2009 年 9 月,胡锦涛主席在联合国气候变化峰会上明确提出到 2020 年中国非化石能源将占能源消费总量的 15%左右;2009 年 12 月哥本哈根气候变化大会上,温家宝总理正式对外宣布到 2020 年单位 GDP CO_2 排放量比 2005 年下降 40%～45%。2014 年 5 月我国出台了《2014—2015 年节能减排低碳发展行动方案》,明确提出单位国内生产总值 CO_2 排放今明两年分别下降 4%和 3.5%以上。2014 年 9 月在联合国气候峰会上,中国国家主席习近平特使、国务院副总理张高丽全面阐述了中国应对气候变化的政策、行动及成效,并宣布中国将尽快提出 2020 年后应对气候变化行动目标,碳排放强度要显著下降,非化石能源比重要显著提高,森林蓄积量要显著增加,努力争取 CO_2 排放总量尽早达到峰值。因此,开发利用风能、太阳能等可再生能源是应对气候变化的迫切需求。

1.1.2 开发利用可再生能源是可持续发展的要求

能源安全是国家经济安全的重要方面,它直接影响到国家安全、可持续发展和社会稳定。中国作为能源消费大国,能源问题在中国经济社会的可持续发展中具有特别重要的战略地位。随着中国经济的持续高速发展,对能源需求不断增长,而包括煤炭、石油、天然气在内的常规能源的短缺,能源供需矛盾必将更加突出,中国的能源安全面临严重威胁。同时,我国因化石能源大量消费带来的环境压力,远高于其他国家。能源问题已成为我国可持续发展中面临的最大难题与挑战。进入 21 世纪,随着世界人口增长和经济的不断发展,对于能源供应的需求量日益增加,全球经济增长引发的能源消耗达到了前所未有的程度,常规化石燃料不仅在满足人类生活发展方面已经捉襟见肘,而且因化石燃料过度消耗引起的全球变暖以及生态环境恶化给人类带来了更大的生存威胁。

全球燃料能源消耗量在 1971—2002 年的平均增长率是 2%,在 2001—2004 年为 3.7%。美国能源部能源信息管理综合分析及预测办公室(EIA)2013 年估计,世界能源消费量从 2010 年到 2040 年每年将以 1.5%的增势变化,石油在燃料中所占份额最大,但增速逐渐减缓,以每年 0.9%的速率增加;而煤的消费量在未来三四十年将以 1.3%的速率增加。可以看出,化石燃料的消费量在未来几十年增长量逐渐减缓,而核能和可再生能源则成为消耗量最快的能源,预计二者将以 2.5%的速率增长。

在有限资源和环保严格要求的双重制约下,发展清洁环保的可再生能源已成为实现经济和社会可持续发展的关键。充分开发并合理利用太阳能是世界各国政府可持续发展的能源战略决策。统计表明:在近年世界能源消耗增长趋势中,太阳能位居首位。随着技术的进步,目前,太阳能资源的经济优势逐步显现,其开发利用已进入商业化快速发展阶段。光伏发电是目前太阳能发电的主要方式,其基本原理是通过光电效应将太阳光子转换为电子形成电流。2008—2013年,全球太阳能光伏累计装机容量年均复合增长率超过50%。欧洲光伏工业协会(EPIA)的数据显示,截至2013年底全球累计光伏装机容量约为140 GW,其中2013年比2012年新增装机容量超过38 GW,超过了2012年新增的30 GW(图1.1)。

据世界各权威机构预测,2030年全球的常规能源利用将达到峰值,此后新能源和可再生能源的比例将逐渐提高,而太阳能资源的开发利用必将扮演重要的角色。到21世纪50年代,全球能源消费结构必将发生根本性的变化。世界观察研究所的报告指出:正在兴起的"太阳经济"将成为未来全球能源的主流,太阳能被称为"世界增长最快的能源"。再生能源将在整个能源构成中占50%,其中太阳能以其储量的"无限性"、存在的普遍性、利用的清净性和经济性占有明显的优势达到14%。开发利用太阳能,使之成为能源体系中重要的替代能源可以说是人类能源战略上的终极理想。

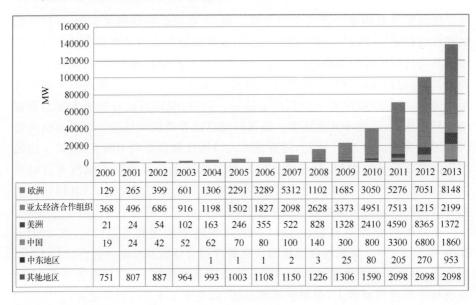

	2000	2001	2002	2003	2004	2005	2006	2007	2008	2009	2010	2011	2012	2013
■ 欧洲	129	265	399	601	1306	2291	3289	5312	1102	1685	3050	5276	7051	8148
■ 亚太经济合作组织	368	496	686	916	1198	1502	1827	2098	2628	3373	4951	7513	1215	2199
■ 美洲	21	24	54	102	163	246	355	522	828	1328	2410	4590	8365	1372
■ 中国	19	24	42	52	62	70	80	100	140	300	800	3300	6800	1860
■ 中东地区					1	1	1	2	3	25	80	205	270	953
■ 其他地区	751	807	887	964	993	1003	1108	1150	1226	1306	1590	2098	2098	2098

图1.1　全球太阳能光伏发电累计装机规模发展趋势(MW)

　　太阳能是世界上资源最丰富的绿色可再生能源,与其他常规能源相比,具有以下几个特点:①取之不尽,用之不竭。据估算,一年之中投射到地球的太阳能,其能量相当于 137 万亿吨标准煤所产生的热量,大约为目前全球一年内利用各种能源所产生能量的两万倍;② 在转换过程中不会产生危及环境的污染;③遍及全球,可以分散地、区域性地开采(朱瑞兆等,1998)。

我国政府一直非常重视太阳能的开发利用,1998 年实施的《中华人民共和国节约能源法》明确提出"国家鼓励开发利用太阳能"。2006 年《中华人民共和国可再生能源法》正式实施,太阳能作为"十一五"期间重点发展方向,将在政策、税收等享有优惠。可再生能源发展"十二五"规划目标为到 2015 年,风电将达到 1 亿千瓦,年发电量 1900 亿千瓦时;太阳能发电将达到 1500 万千瓦,年发电量 200 亿千瓦时。国务院办公厅 2014 年印发《能源发展战略行动计划(2014－2020 年)》,提出加快发展太阳能发电,有序推进光伏基地建设,加快建设分布式光伏发电应用示范区,稳步实施太阳能热发电示范工程。到 2020 年,光伏装机达到 1 亿千瓦左右。2014 年 12 月,发布的《中国可再生能源发展路线图 2050》提出 2020 年、2030 年、2050 年国内可再生能源高比例发展情景,2050 年风电、太阳能发电有望主宰电力系统。在太阳能发展规划上,基本情景下预计 2020 年光伏发电装机 1 亿千瓦,2030 年 4 亿千瓦,2050 年 10 亿千瓦;在积极情景下预计,2020 年光伏发电装机 2 亿千瓦,2030 年 8 亿千瓦,2050 年 20 亿千瓦。

经过近年来的发展,中国已经成为全球可再生能源大国。截至 2012 年 12 月底,全国可再生能源发电装机达到 3.13 亿千瓦,其中水电装机 24890 万千瓦,比上年增长 6.8%;风电(并网)6083 万千瓦,比上年增长 31.6%;太阳能发电(并网)328 万千瓦,同比增长 47.8%。2012 年全国共消纳可再生能源电量 9680 亿千瓦时,比上年提高 30.32%。在 2013 年全年新增发电装机容量中,可再生能源发电新增装机容量占 53.8%,较上年同期大幅上升 13.2 个百分点。我国大规模发展太阳能光伏发电虽然起步较晚,但自 2006 年以来装机容量年增长速度均达到 100% 以上(图 1.2),远远超过国际平均水平。近几年随着"太阳能屋顶计划"、"金太阳"等示范工程以及一些大型光伏发电示范项目的实施,更是对太阳能的大规模发展起到了重要的推动作用。2013 年中国新增光伏装机容量为 12GW,同比增长了 232%,接近欧洲 2013 年新增装机容量总和,跃居全球最大的光伏市场。截至 2013 年底,中国累计装机容量达到 19GW。目前,我国大规模的光伏电站主要建设在西北、西南等太阳能资源丰富的地区,此外,在东部地区(如江苏)也有较大规模的屋顶光伏电站。除了太阳能光伏发电,太阳能直接热利用在我国也深入千家万户,当前我国太阳能热水器安装量占世界总安装量的 80% 左右。

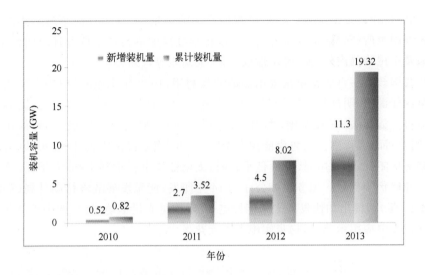

图 1.2　我国光伏发电年装机容量变化趋势

1.1.3　太阳辐射资源评估是其开发利用的前提和重要保障

《中国气象事业发展战略研究》中明确指出中国气象事业必须要牢固树立"公共气象、安全气象、资源气象"理念,大力提升气象资源为可持续发展的服务能力和支撑能力,加强风能、太阳能等可再生气象资源的开发利用,为建立资源节约型社会和环境友好型经济、为子孙后代能够享受充分的资源和良好的生态环境做出实质贡献,充分发挥气象事业对可持续发展深远的前瞻性作用。

国家为规划、布局风能太阳能等可再生能源的发展,需要从宏观层面掌握更为客观、可靠的太阳能资源总体分布和蕴藏量;太阳能电站选址需要对太阳能资源量和气象灾害风险进行精细化的科学评估;太阳能发电的间歇、波动、不稳定性对国家和区域电网的安全运行将造成极大的挑战,太阳能大规模并网发电需要提前做出准确的发电量预测;太阳能开发项目的科学设计需要对风能、太阳能资源监测、评估,进一步规范。

因此,为切实增加我国可持续发展的资源保障能力,全面细致的开展我国太阳辐射能的评价工作,了解其空间分布情况,是有效开发利用太阳能资源的重要基础保障和前提,已刻不容缓。目前,全世界具有多年太阳辐射观测资料序列的观测站仅一千多个,其中,我国约有一百多个。另外,太阳辐射观测站大都位于平地上,且在一定距离上没有遮蔽影响,其观测资料都为水平面观测值。我国地形复杂,山地占三分之一,山区(包括山地、高原和丘陵)约占国土面积的三分之二。在山区,受坡度、坡向、地形起伏和地形相互遮蔽的影响,使太阳短波辐射状况产生很大差异,呈现出复杂的空间分布。因此,仅仅依靠数量有限,空间分布不均,且都设置在水平开阔地段观测资料来描述太阳辐射的空间分布是相当困难的(翁笃鸣,1997),考虑地形因素影响对我国太阳能的评估更有实际意义。尽管国内外都开展了短期野外考察和研究,取得了部分山地的实测太阳辐射资料和相应的科研成果,但仍难以对复杂地形下太阳辐射的时空分布做出全面、准确的认识。

目前,全国已开展了风能资源详查及评估的研究工作,而在太阳辐射能资源评估方面,深入细致的研究工作尚未开展。因此,探索新方法,模拟太阳辐射的精细空间分布问题,具有十分重要的理论意义和广阔的应用前景。

开展太阳能资源的监测、研究和评估,是气象能源开发利用的重要的基础性工作,对我国的气象能源开发利用战略决策具有重要的意义,可以为气象能源开发利用提供技术手段。

1.1.4 地表时空多变要素的研究是现代地学发展的需要

同时,地球科学研究问题复杂化和综合化以及应用领域的发展,迫切需要动态的、高时空分辨率、空间栅格化的辐射、降水、气温等气象要素数据(Mackey et al,1996;Daly et al,1997;Thornton et al,1997;于贵瑞等,2004;何洪林等,2004;刘新安等,2004)。自20世纪70年代末开始,一系列陆面过程分布式模型得到了迅速发展,对地球表面时空多变要素数据的需求提出了更高的要求。复杂地形下地表时空多变要素的研究进展缓慢,是限制许多陆面过程模型发展的重要原因(Li and Avissar,1994;Arola and Lettenmaiter,1996)。现有太阳辐射研究成果的不足主要体现在不能适应现代地球科学发展的要求,无法为相关研究和应用领域提供复杂地形条件下栅格化的太阳辐射数据。目前,全球地面气象观测系统还难以提供所要求的高时空分辨率网格数据的要求,简单地依靠卫星遥感技术也不能完全解决这些问题(李小文等,2002)。因此,利用现有的地面观测资料,基于GIS和遥感等技术、数学模拟等手段,充分考虑地形和地理因子的影响而开展的气象要素空间扩展方法研究成为近年来国内外的地学研究的重要任务之一(Runing et al,1987;Daly et al,1994;于贵瑞等,2004)。

通常空间域上气象要素的扩展方法以内插法为主。而太阳辐射和环境过程的关系是非线性的,像素或格点上的变化规律不能推广到整个面上,其根本原因在于内插法不能充分考虑气象要素的空间分布与诸多地理环境要素间的复杂函数关系,空间预测能力差。因此,采用内插或简单的经验拟合方法,试图利用有限的单点地面资料生成适合模型所需空间分辨率的面域(区域)高质量数据是十分困难的(Suckling,1985;Goodchild et al,1996;王守荣等,2002)。近年来,许多学者利用地统计学中的空间插值技术和基于地形因子的统计方法(Kumar et al,1997;Thornton and Running,1999;何洪林等,2004),生产栅格化的太阳辐射空间分布数据,但由于受辐射资料站点数量太少等原因的限制,数据精度尚存在有待改进之处,尤其是山地太阳辐射形成机理和计算模型的研究方面尚需深入探讨。

1.1.5 非均匀地表环境研究一直是地学界的重要课题之一

地表的非均匀性是当今科学的研究热点和难点。局地地表的非均匀性问题,制约着地球科学的发展。地表时空多变要素信息的提取是制约定量遥感的发展的主要原因(李小文,2005)。地表的非均匀性以及观测资料的缺乏对陆面过程模拟具有重要的影响(牛国跃,1997;张强,1998;孙淑芬和金继明,2000)。研究表明:由于不能真实地描述地表参数的非均匀性,给陆面过程模式的计算造成很大的误差(Flippo,1997a,1997b)。这也正是当前国内外在陆面过程模式与大中尺度大气模式耦合等研究领域中亟待解决的国际前沿问题(刘晶淼等,2003)。

非均匀因素是造成包括太阳辐射等地表时空多变要素在时间、空间上分布非均匀性的根本原因。大气非均匀因素主要是指大气中的气体、水汽、气溶胶含量以及云随时间和空间变化的非均匀性。地表的非均匀性包括:(1)地形的起伏(2)下垫面物理性质(下垫面植被状况、土壤状况以及下垫面的干湿程度等)。地形对太阳辐射的影响相当复杂,坡向、坡度、遮蔽度、海拔高度以及地表性质等对辐射均有影响(Brown,1994;Kumar et al,1997;翁笃鸣和罗哲贤,1990;傅抱璞,1983)。在山区,周围地形的遮蔽作用会强烈地影响局地可照时间的分布(Roberto and Renzo,1995;傅抱璞,1983;李占清和翁笃鸣,1987;曾燕等,2003);不同坡面上太阳光线入射角的不同,使其接受的太阳辐射在地面上还存在一个重新分配的过程,从而形成复杂的太阳辐射空间分布。同时,随着太阳在天空中运行轨迹的变化,地形之间相互遮蔽影响也在不断地相应变化之中,使得山区太阳辐射的计算变得非常复杂。

要研究这些非均匀要素对太阳辐射的影响,单靠目前的观测手段是难以达到要求的。利用地统计学中的空间插值技术进行太阳辐射数据的空间扩展,其精度受限于地面日射观测站的数量和空间分布;采用多元统计回归等统计学方法则无法反映局地地形因子对太阳辐射的影响。单纯采用遥感手段反演地表参数,由于遥感反演技术本身的复杂性,也存在较大的不确定性。一方面,很难克服大气效应和地表非均匀性对反演结果的影响(田庆九等,1998);另一方面因为遥感影像为瞬时影像,很难克服时间扩展对反演结果的影响,因而目前用遥感图像估算得到的辐射量是一个瞬时值,如何根据瞬间值推算出日辐射值,这是需要解决的时间尺度的转换问题。由于大气湍流和云的不确定性,时间尺度的拓展问题并没有得到很好的解决(黄妙芬等,2004)。

自 20 世纪 80 年代后期以来,随着分布式模型在地学界,尤其是水文学界的大量应用,分布式模型的研究已经成为国际热点(Abbott,1986;Refsgaard, 1996;万洪涛等,2001;王守荣,2002)。与传统的集总式模型不同,分布式模型因为可以清楚地考虑下垫面特性的空间变化,是研究下垫面空间分布不均匀对陆面过程影响的有力工具。依据复杂地形对太阳辐射影响机理建立的分布式太阳辐射模型,因为物理机理清晰,可以充分反映天文因子、大气物理因子、宏观地理和局地地形因子对太阳辐射共同作用的复杂过程,可以有效地克服地面日射观测站数量有限对模拟精度的影响,是解决地形下太阳辐射定量空间模拟的最佳途径。

综上所述,不论是从全球变化问题、还是从现代地学的发展看,地表时空非均匀要素的研究对提高和改善陆面过程等模式对地球系统的模拟能力,深入认识地球气候系统变化的物理机制具有重要的理论和实践意义。

1.1.6 太阳辐射能量是地球表面各种过程的主要驱动因子

太阳辐射是地球表层上的物理、生物和化学过程的最主要能源,是地球气候形成的最重要因子。因此太阳辐射作为大气的唯一热源,成为控制气候的基本能量。它在地球上的时间和空间分布,制约着地球上气候系统的运动,是气候形成和演变过程中重要的外参数(翁笃鸣,1997),也是植物光合作用、植物蒸腾作用、土壤蒸发等陆面过程的主要驱动因子(Roberto and Renzo, 1995;Thornton and Running,1999;Fu and Rich,2000;Liu and Scott,2001)。

太阳辐射不但在气候系统能量交换中扮演十分活跃的角色,而且还伴随着热力和动力过程,与地表水分循环、生态系统、人类活动等密切相关(Roberto and Renzo,1995;Fu and Rich,2000)。全球环流模式(GCM)的敏感性试验表明(Barker and Li,1995;Ward,1995;Slingo,1989),太阳辐射能量在地表上分配的变化会根本改变云覆盖、温度、湿度、降水和大气环流特征的模拟场。此外,太阳辐射也是植物光合作用、植物蒸腾作用、土壤蒸发等陆面过程的主要驱动因子,也是生态系统、水文模型模拟、生物物理模型研究中的重要输入参数(Thornton and Running,1999;Liu and Scott,2001)。因此,地表辐射研究在世界气候研究计划(WCRP,1984)、世界海洋试验、热带海洋和全球大气试验以及全球能量和水循环试验(GEWEX)(Thornton and Running,1999)等重大项目中一直受到重视。

1.2 国内外研究现状及进展

到达地表的太阳辐射量主要受天文和地理因子(如太阳常数、日地相对距离、太阳赤纬、测点纬度等)、局地地形因子(如坡向、坡度、周围地形的遮蔽度等)、大气物理因子(如大气分子和气溶胶粒子的散射,臭氧、CO_2、水汽的吸收等)、气象因子(如云量、云的类型等)等方面的影响(傅抱璞,1983;翁笃鸣,1997;Dozier,1990;Brown,1994;Dubayah and Rich,1995;Kumar et al,1997;Liu,2001)。

在辐射计算研究中,由于日射站点较少,实测辐射资料远不能满足研究和应用的需要,所以还需要借助各种计算方法得到。国内外的学者对太阳辐射的估算问题做了大量的研究。归纳起来,地表太阳辐射研究可分为四类:大气辐射估算模型(水平面太阳辐射估算模型)(Gueymard,1998,2003a)、单一坡面太阳辐射估算模型(Revfeim,1982;傅抱璞,1958,1962,1983,1998;朱志辉,1987,1988;孙汉群,1995,2005;)、复杂地形下太阳辐射估算模型(李占清等,1988,1987;李新等,1999,Zeng et al,2003;Oliphant et al,2003;Kumar et al,1997;Dubayah and Rich,1995;Rich et al,1995;Dozier et al,1990)以及卫星遥感资料反演等方面。

1.2.1 大气辐射估算模型研究现状和进展

大气辐射估算模式的根本目的是通过理论的或经验的数学函数,模拟大气对到达地面太阳辐射的消减规律。继1922年 Ångström(1924)提出总辐射的计算公式以来,迄今为止,已经建立了大量的太阳总辐射、直接辐射及散射辐射估算模型。这些模型分为:物理理论模型(参数模型)和统计模型(经验模型)两大类(Wang,2002)。

物理理论模型 是根据太阳辐射在大气中的传输过程而建立的辐射估算模型。它们大多详细地考虑了大气中的主要成分对太阳短波辐射的影响,根据大气对直接辐射和散射辐射产生的不同机理,分别进行模拟。因此物理理论模型的结构往往非常复杂,它要求输入详细的大气条件。对太阳短波辐射产生重要影响,并被用于物理理论模型的大气物理因子包括:大气分子、气溶胶粒子的散射作用和臭氧、CO_2、水汽的吸收作用、云量、云的类型、云的分布、大气浑浊度、大气可降水量等(Wang,2002)。通常物理模型可分为:宽光谱模型(Broadband)和频谱模型。

大多数的物理理论模型是宽光谱模型,最早由 Moon(1940)提出的太阳辐射模型使得太阳辐射模型由统计模式向大气传输的物理过程模式发展。1975

年麦克马斯特大学的 Davies 等人提出的 MAC 模型(Davies et al,1975;Davies and Mckay,1989)是太阳辐射机理模型的代表,它考虑了 Rayleigh 分子散射、臭氧和水汽的吸收以及气溶胶的散射等过程,由于 MAC 模型在气溶胶透射率上的简化,降低了该模型的精确度。现在广泛使用的是改进的 MMAC(Modified MAC Model),模型准确率得到了显著提高。1981 年 Bird 通过对 Atwater Model(Atwater et al,1978)、Hoyt Model(Hoyt,1978)等 5 个宽光谱晴空太阳辐射参数模型的改进,获得一个晴空太阳辐射模型 Bird Clear Sky Model(Bird and Hulstrom,1981),得到广泛应用。Iqbal Model C(Iqbal,1983)是对 Bird 模型的个别参数进行了订正。被用于美国国家太阳辐射数据库建设的 METSTAT Model(Meteorological/ Statistical)(Maxwell,1998)是在 Iqbal Model C 的基础上,在水汽和气溶胶的透射率上有所改进,分别考虑透光云和蔽光云对太阳辐射的影响,可以用来计算不同大气条件下的太阳辐射。

早期的大多数太阳辐射模型,由于当时缺乏可靠的气溶胶光学厚度等资料,造成气溶胶等透射率函数参数化的极端简单化,影响了模型的精度(Gueymard,2003a,2003b)。REST(Reference Evaluation of Solar Transmittance,Gueymard,2003a)、Yang 模型(Yang et al,2001;Gueymard,2004)在谱模型的基础上获得,模型参数化更复杂。近几年来,宽光谱模型向多层、分光谱等方向发展。MLWT1(Multilayer-weighted transmittance model,Gueymard,1996,1998)和 MLWT2(Gueymard,2003a)就是一个多层透射率的太阳辐射模型。Lacis 和 Hansen 模型(Lacis and Hansen,1974)、Paulin 模型(Paulin,1980)、CPCR2 Model(Gueymard,1998)、REST2(Gueymard,2004)是由两个波段模型组成的,避免了像其他一个带模型在计算透射率存在的交叠问题。

Gueymard(2003a,2003b)对 21 个宽光谱直接辐射模型的理论检验、实验数据检验结果表明许多模型由于不正确的透射率方程或者简单的假设造成模型缺陷或严重的局限性。推了 7 个最好的模型:CPCR2、MMAC、METSTAT、MLWT1、MLWT2、REST 和 Yang。

最复杂的大气辐射传输模型是频谱模型。有早期的 Braslau 和 Dave(1973)、Bird model(Bird et al,1983),以及由美国空军地球物理实验室(AFGL)为了军事和遥感的工程应用发展起来的 LOWTRAN 大气透过率和辐射传输模式(Kneizys et al,1989),目前流行的是 1992 年 2 月公布的 LOWTRAN 7、LOWTRAN 的改进模型 MWODTRAN(Berk et al,1989;Knezys et al,1996)、法国大气光学实验室和美国马里兰大学联合开发的 6S 模型(Eric et al,1997)等。

统计模型　统计方法就是利用与太阳辐射有关的其他地面气象台站观测的气候要素间接计算到达地面太阳辐射的方法。国内外学者围绕太阳能辐射计算的起始数据、天空遮蔽度函数的确定以及天空遮蔽度函数中经验系数的时空稳定性等问题进行了广泛的研究,建立了使用日照百分率、云量等常规气象观测资料辐射经验估算模式,使更多的地区估算辐射量成为可能。按经验统计模型中采用的因子不同,主要包括日照百分率模式(Ångström,1924;Prescott,1940;Black et al,1954;Page,1961;Newland,1989;)、云量模式(Kimball,1935;Kasten and Czeplak,1980;Davies and McKay,1984;Davies et al,1989;Munro,1991;Michalsky,1992)、成分分解模式(Liu and Jordan,1960;Erbs et al,1982;Ma and Iqbal,1984;Reindl et al,1990;Lam and Li,1996)。

1922年Ångström(1922)提出利用日照百分率计算总辐射的公式,1940年Prescott用天文辐射代替Ångström公式中的可能太阳总辐射,提出Prescott-Ångström公式,在世界各地得到了广泛的使用。80多年的检验证明,Prescott-Ångström公式是有效的(Hinrichsen,1994)。

继Prescott之后,许多学者发展日照百分率估算总辐射、直接辐射和散射辐射的经验模型(Rietveld,1978;Hay,1979;Iqbal,1979;Benson et al,1984;Ahmad et al,1991;Hamdan and Al-Sayeh,1991),同时,也对模型中经验系数的参数化作了大量的研究(Gopinathan,1988;Coppolino,1994)。

云对辐射有重要影响,Kimball(1928)根据美国站点的资料,得出太阳总辐射的云量估算模式;Kasten(1980)提出指数形式的太阳总辐射云量估算模式。由于目前关于云的观测都是目测项目,限制了云量模型的发展。但是,对气象站点稀少的广大海洋、高山和荒漠地区尤为重要。特别是随着云观测自动化以及卫星技术的广泛应用,云量模型将有广大的应用前景。

成分分解模式通过研究大气透射率与其他指数间的关系,来估算直接辐射或散射辐射。Liu and Jordan(1960)、Erbs et al(1982)、Reindl et al(1990)、Lam and Li(1996)提出散射分量和大气透射率之间存在较好的关系,用来估算散射分量;Vignola and McDaniels(1986)、Louche et al(1991)用大气透射率估算直接透射率,以获得直接辐射。成分分解模式在估算散射辐射或直接辐射时,必须先知道晴空指数,即:必须先有总辐射资料,或必须先通过其他途径估算晴空指数或总辐射,这可能会给散射辐射或直接辐射的估算带来双重误差(翁笃鸣,1997)。但成分分解模式中提出的晴空指数、直接透射率、散射系数等概念是描述大气对太阳短波辐射影响的综合指标,从而将太阳辐射在复杂地表上的重分布过程与大气过程独立开来,这无疑对山区太阳辐射的空间分布研究提供了可以探讨的新思路。

国内的左大康等(1991)、高国栋和陆渝蓉(1981)、王炳忠(1980)、孙治安(1992)、翁笃鸣(1986,1997)等学者对我国的辐射气候进行系统、全面的研究。左大康等最先完成了对我国地表辐射平衡各分量的计算和分析,初步揭示出我国辐射气候的基本特征。高国栋、陆渝蓉对我国地表辐射平衡做了再次研究。我国学者先后发表了总辐射、直接辐射、散射辐射、地表反射率、大气逆辐射、地表有效辐射和地表净辐射的气候学方法及其分析结果。从而使对我国辐射气候特征有了更全面的了解,形成辐射气候计算方法的系列化。

采用气候学方法计算到达地面的太阳辐射有以下几方面的优点:①物理意义明确,计算中所采用气候学要素不管是日照百分率还是云量,它们与到达地面的太阳辐射量均密切相关;②计算简单,利于推广,由于所采用函数关系大多数仅为一次或二次,所以不论是经验系数的确定还是辐射量的计算都不复杂;③计算结果精度较高,就单点误差而言,总辐射和直接辐射通常都在10%以下,散射辐射较大一些,基本可以满足太阳能资源评估的需求。因此,地面太阳辐射的气候学方法计算可以说是迄今为止最成熟、应用也最广泛的方法。

理论模型具有坚实的物理基础,但结构非常复杂,要求输入臭氧厚度、气溶胶含量、大气可降水量、云量、云的类型等大气条件,输入参数过多且不宜获取,限制了它的推广应用。经验模型结构简单,使用日照百分率、云量等常规气象观测资料建立的辐射经验估算模式,使更多的地区估算辐射量成为可能。

1.2.2 单一坡面太阳辐射估算模型研究现状和进展

考虑地形因素的太阳辐射研究始于 20 世纪 50 年代。传统的辐射研究大多讨论单一、无限长坡面(倾斜面)上的太阳辐射计算问题。傅抱璞(1958;1962;1964;1983;1998)对任意地形条件下太阳辐射进行了开创性的研究,他给出的计算坡地临界时角的公式和日照时段判断方法简化了山区太阳辐射计算,使得数值积分可以改用解析公式计算。Garnier and Ohmura (1968,1970)讨论坡面直接辐射和总辐射的计算方法,Swift(1976)、Revfeim(1978,1982)在此基础上做了进一步研究。李怀瑾等(1981,1982)则提出了一种图解方法确定坡面上的辐射总量的方法,朱志辉(1988)确定了在不考虑地形和其他地物遮蔽的情形下,任意纬度非水平面天文辐射各时段总量的解析计算公式;并首次给出了全球范围各种倾斜面上天文辐射各时段总量分布的系统图像。翁笃鸣等(1981;翁笃鸣和罗哲贤,1990)、孙汉群(2005;孙汉群和傅抱璞,1996)关于坡地太阳辐射的理论研究和区域性实验,为坡地太阳辐射计算提供了重要的理论基础。一些具有普适性的坡面太阳辐射计算模式(Liu and Jordan,1962;Hay,1979;Hay and Mckay,1985)得到了广泛应用。这些研究为复杂地形下太阳辐射的计算提供了理论基础。

1.2.3 复杂地形下太阳辐射估算模型研究现状和进展

复杂地形下太阳辐射估算模型的根本目的是模拟局部地理因素(坡度、坡向、地形开阔度等)对太阳短波辐射的影响。在实际复杂地形下,太阳辐射深受地表复杂形态的影响。海拔高度、坡度、坡向以及周围地形遮蔽的作用,对太阳辐射能量有重要影响(翁笃鸣和罗哲贤,1990)。随着太阳在天空中运行轨迹的变化,地形之间的相互遮蔽影响也在不断地相应变化之中,这使得复杂地形下太阳辐射场变得非常复杂。由于地形参数获取技术以及缺乏合适的计算平台等客观条件的限制,很少能同时考虑地形影响的各个方面,以致长期以来未能找到比较合理、可靠的计算方法。

根据 Garnier 的坡面辐射计算方法,Williams et al(1972)、Dozier et al(1990)、Bocquet(1984)等人开发了一些计算山地辐射的计算机模式。李占清等(1987a,1987b,1988)曾采用从地形图中直接读取 100 m×100 m 分辨率的网格点高程的方法,描绘了 3 km×3.5 km 范围内山区太阳总辐射的分布,为解决地形对辐射的遮蔽影响问题做出了开创性的尝试。

现代空间信息技术的发展,尤其是地理信息系统、遥感科学与技术的发展,为这一问题的解决提供了先进的手段。数字高程模型(Digital Elevation Model,DEM)的提出,使我们从中可以获得各种地表特征,其独特的优势表现在地形栅格平均高度的提取、坡度、坡向、地形遮蔽度的计算以及模拟结果可视化表达等方面,为复杂地形下的太阳辐射模型提供地形数据成为研究的热点。

Dozier and Frew(1990)提出了太阳辐射模型中地形参数的快速算法、Dubayah et al(1990)提出了建立地理信息系统中的太阳辐射模型,提出了两个模型 ATM(Atmospheric and Topographic Model)和 SOLARFLUX(Dubayah and Rich,1995)、Ranzi and Rosso(1995)、Kumar et al(1997)、Fu and Rich(2000)提出运用数字高程模型计算晴空太阳辐射的模型,Javier(2003)用几何矢量算法,从 DEM 中提取地形参数,进行太阳辐射建模。李新等(1996,1999)基于数字高程模型,提出计算山地太阳辐射理论的理论方法和区域试验,为利用地形数据进行实际地形下的太阳辐射数值模拟提供了全新的思路。何洪林等(2003,2004)利用地统计学中的空间插值技术和基于地形因子的统计方法生产栅格化的全国太阳辐射数据(但是潜在太阳总辐射模型由于模型的过于简单化,同时模型综合大量经验公式,散射辐射和反射辐射模型没有考虑地形遮蔽的影响);邱新法(2003)用1:100 的数字高程模型,探讨研究了全国起伏地形下的太阳辐射、直接辐射、散射辐射的空间分布,提出了一系列的起伏地形下太阳辐射资源空间扩展的分布式模型。曾燕等(2003,2005)则用 1 km×1 km 的分辨率计算了起伏地形下黄河流域的天文辐射、直接辐射,把起伏地形下任意时段辐射研究推进到实用研究阶段。

1.2.4　卫星遥感资料反演研究现状和进展

20 世纪下半叶以来,随着辐射传输理论的发展和卫星遥感观测技术的逐渐成熟及其观测资料在时空连续性方面的明显优势,越来越多的学者开始研究利用卫星遥感资料计算地面太阳辐射量的方法。我国在这方面的研究从 20 世纪 80 年代中后期开始,至今已取得较大的进展,主要包括统计反演法和物理反演法等。

统计反演法的基本思路是建立卫星测值与所要计算地面辐射量之间的回归关系,然后根据地面辐射量的观测值确定回归系数。采用这种方法的前提是要从理论上确定卫星测值与所要计算的地面辐射量之间存在着物理上的联系,只有这样,才能保证所建立的回归关系具有充分的物理根据。这种方法本质上与气候学方法是一致的,区别只在于这里采用的是自上而下的卫星观测要素而不是自下而上的地面观测值,进而使得所用函数形式和经验系数的个数也有所不同。从计算的简便程度和精度来看,目前的计算方法并不优于气候学方法。但由于卫星遥感资料在空间连续性方面远比地面气象台站优越,这种方法很值得进一步研究和利用。

物理反演法是将卫星遥感资料和辐射传输理论相结合,从物理上考虑大气成分的吸收和散射、水汽的吸收、气溶胶的散射等对太阳辐射有削弱作用。该方法充分发挥卫星资料在空间连续性和分辨率方面的优势,从实质上提高太阳能资源评估结果的空间分辨率,计算结果可以弥补地面辐射观测站空间分布的不足,但其精度完全依赖于卫星遥感资料的分辨率和准确性以及辐射传输模式和参数化方案自身的性能。就目前的卫星遥感观测来看,静止卫星的资料虽然时间分辨率很高,但所扫描的空间范围有限,而极轨卫星的资料虽然空间分辨率可以达到很高,但时间分辨率又很低;此外,在我国的西部(尤其是青藏高原地区),常用的高空间分辨率的数据资料(如 MODIS)又比较稀少,因此,仍然需要在地面观测的基础上,利用其他计算方法所得结果作为该方法的补充。

1.3　存在问题

在前人对太阳辐射估算的研究中,有关天文和地理因子方面的研究,已经比较成熟,主要表现在对水平面天文辐射的精确计算方面;局地地形因子方面的研究,表现在建立了一些具有普适性的坡面太阳辐射计算模式,给出了不考虑地形之间相互遮蔽影响的单一坡面上天文辐射量的解析解(朱志辉,1988;孙汉群,2005);对大气物理因子的研究,建立了许多结构复杂的晴空可能太阳辐射估算模式;气象因子方面的研究,建立了大量以气象站辐射观测资料为基础的水平面太阳辐射经验估算式。

根据上述研究进展分析表明目前太阳辐射估算研究存在以下问题:

经验模型中的经验系数需要实测资料用统计方法确定,经验性很强,同时经验系数随地区和时间的不同而变化,存在着模式中经验系数的稳定性和时间和空间扩展问题(翁笃鸣,1997)。同时由于统计方法本身的局限性,计算结果难以准确反映出地面辐射极值的分布,无法满足实际开发利用的需求。大气辐射估算中理论模型由于结构非常复杂,输入参数过多且不宜获取,也限制了它的广泛应用。

山地太阳短波辐射问题是天文、大气、地理因素(宏观地理、局地地形)综合作用的结果。地学研究者一般都以研究区的数字高程模型为基础,在一定的精度上,满足一定的需要。但是目前的研究存在着一些不足:一是主要侧重于地形对太阳辐射的影响,对于大气辐射估算过程考虑的过于简单或者没有考虑大气对辐射传输的影响(邓子旺等,2002;杨昕等,2004)。模式计算的太阳短波辐射只是天文辐射或理想大气直接辐射,不是地面实际接收的辐射。这是因为大气辐射传输模型都是气象学模型,模型的许多输入参数都难以获得,从而影响了模型的应用和普及。二是由于山地太阳散射辐射、地表反射辐射的复杂性,许多模型不完善,散射辐射仅考虑坡面自身的遮蔽作用而没有考虑周围地形相互遮蔽影响(邱新法,2003),或忽略了地表的反射辐射(何洪林等,2004)。三是现在的研究分辨率较低,如前面介绍提到的邱新法、曾燕、何洪林等在这方面的研究,都采用 1 km×1 km 的分辨率,体现的只是大尺度地形因子(指大的山脉、高原等地形,如天山、秦岭、青藏高原等)对太阳辐射空间分布的趋势,但局地地形因素如坡地的坡向、坡度、地形的起伏程度和遮蔽度等对太阳辐射的影响难以反映出来,不能够反映或者体现太阳辐射在局地的再分配与小气候的差异。气象研究者在复杂地形下的太阳辐射研究方面,取得了一系列的进展,有些方面的研究是开创性的,对太阳直接辐射、散射辐射和反射辐射都建立了各种数学模型,这些模型有些是以理想状况为假设前提,大多都考虑了大气对太阳辐射的消减规律,但是地形因素考虑的不足,而且模型的研制大多都是独立于信息技术的发展而建立的。因此,有必要完整地考虑各种因子对太阳辐射的影响,进而提出更加完善的山地太阳辐射估算模型,利用高分辨率的 DEM 数据,分析局地因子对山区太阳短波辐射的影响,深入研究山区太阳辐射形成机理。

1.4 研究思路、研究内容

1.4.1 研究思路

本书围绕太阳能资源计算、评估技术及业务系统建设等内容,以准确计算、科学评估太阳能资源,为合理、有效开发利用太阳能提供科学依据为目的。立足学科前沿,针对太阳能估算模型中存在的问题,从太阳辐射机理入手,应用多种新技术、新方法,使地理信息科学、遥感科学与技术等现代空间信息技术与大气科学等多种学科有机融合,改进并提出新的太阳能估算模型,模型理论基础充分,计算结果可靠。

要实现山地太阳辐射定量空间扩展,仅仅依靠大气科学、地理信息系统或遥感科学与技术研究领域的单一学科技术是相当困难的。针对现有太阳辐射研究中存在的上述不足,将以建立山地分布式太阳辐射模型为核心技术,以数字高程模型(DEM)数据作为地形的综合反映,通过数值模拟山地天文辐射来解决地形因子(坡度、坡向以及地形遮蔽)对山区太阳辐射的影响;依托气象站太阳辐射和常规气象观测资料,解决大气物理因子和气象因子对太阳辐射的影响;依据坡地太阳直接辐射、散射辐射、地表反射辐射的不同形成机理,将天空因素和地面因素对太阳辐射空间分布的影响有机结合起来,集成以上两类模式,分别建立山地太阳直接辐射、散射辐射和地表反射辐射分布式模型,以地理信息系统为信息处理平台,实现山地太阳辐射能时空分布的分布式模拟,以陕西省为例,计算陕西省 100 m×100 m 分辨率太阳辐射时空分布,并对其时空分布特征做出全面、系统的评估。同时,研究山地太阳辐射的形成机理,重点讨论局地地形因素、大气因素对太阳辐射的影响,讨论不同 DEM 分辨率对太阳辐射计算的影响。

通过研究,探索一套理论基础充分、计算结果可靠的山地太阳辐射空间扩展方法,对建立非均匀下垫面气象要素的分布式模型以及非均匀下垫面的能量平衡的模拟具有重要的理论意义和应用价值;可以为相关研究和应用领域提供山区太阳辐射基础数据,为温度、降水等其他地表气象要素的定量空间扩展提供理论基础。

1.4.2 研究内容

1.4.2.1 水平面太阳辐射模型研究

水平面太阳辐射估算模式的根本目的是通过理论的或经验的数学函数,模拟大气对到达地面太阳辐射的消减规律。采用改进成分分解模型,应用大气透射率等概念来描述大气物理因子和气象因子对太阳辐射的综合作用,从而将太阳辐射在复杂地表上的重分布过程与大气过程独立开来,是解决天空因素对太阳辐射影响的有效手段。依据气象站太阳辐射和常规气象要素观测资料,通过采用数据集群技术,深入分析不同数据集群下,依据气象站太阳辐射和常规气象要素观测资料建立水平面直接辐射、散射辐射和总辐射经验模式的时空稳定性,确定最佳的水平面直接辐射、散射辐射和总辐射经验模式,使建立的经验模式既具有较高的精度,又具有一定的空间稳定性。这对地表时空多变要素的定量空间扩展具有重要意义。

1.4.2.2　解决地形因子对山地太阳辐射的影响

山地太阳辐射分布式模拟的关键是考虑下垫面非均匀因素对地表太阳辐射时空分布的影响。本书将地表非均匀因素分为地形起伏和下垫面性质多样两方面。利用 DEM 数据,借助地理信息系统软件 ArcGIS 提供的相应功能模块,生成研究区域的坡度、坡向等局地地形因子数据;利用 NOAA/AVHRR,MODIS 和国外遥感数据集,总结前人在地表参数遥感反演的算法研究,在遥感图像处理软件 PCI 和 ENVI 的支持下,获取研究区域下垫面地表反射率。通过数值模拟山地天文辐射来反映地形因子(坡度、坡向以及地形遮蔽)对山地太阳直接辐射的影响。以 DEM 数据作为地形的综合反映,全面考虑坡面自身遮蔽和周围地形相互遮蔽的影响,建立山地地形开阔度分布式模型,体现局地地形对山区太阳散射辐射、地表反射辐射的影响。

主要包括:

(1)利用遥感影像提取下垫面地表反射率。

(2)以 DEM 数据作为地形的综合反映,全面考虑坡面自身遮蔽和周围地形相互遮蔽的影响,建立山地地形开阔度分布式模型,体现局地地形对山区太阳散射辐射、地表反射辐射的影响。

(3)通过数值模拟山地天文辐射来解决地形因子(坡度、坡向以及地形遮蔽)对山地太阳直接辐射的影响问题。

1.4.2.3　山地太阳辐射分布式模型研究

山地太阳辐射估算中,在前人研究的基础上充分考虑下垫面非均匀因素对山地太阳时空分布影响和天空因素对太阳辐射消减规律,进行模型的改进完善,以建立山地分布式太阳辐射模型为核心技术,依据山地太阳辐射的理论研究成果,根据坡地太阳直接辐射、散射辐射、地表反射辐射的不同形成机理,将天空因素和地面因素对太阳辐射空间分布的影响有机结合起来,集成以上两类模式,分别建立更加完善的山地太阳直接辐射、散射辐射和反射辐射的分布式计算模型,实现山地太阳辐射时空分布模拟。

因此,本部分研究的具体内容包括:

（1）山地日照时间分布式模型算法研究。

（2）山地起始数据分布式模型算法研究。

（3）山地直接辐射分布式模型算法研究。

（4）山地散射辐射分布式模型算法研究。

（5）山地地形反射辐射分布式模型算法研究。

1.4.2.4　山地太阳辐射时空分布规律研究

以建立的太阳辐射分布式模型为核心，结合1.4.2.1、1.4.2.2、1.4.2.3部分的研究结果，完成山地太阳辐射时空分布的计算、制图，分析其时空分布规律。研究山区太阳辐射的形成机理，重点讨论局地地形因素、大气因素对太阳短波辐射的影响规律。探讨山地太阳短波辐射的形成机理；揭示局地地形因子对山地太阳辐射的影响随季节、纬度、坡度、坡向等因素的变化规律。

1.4.2.5　讨论不同DEM数据分辨率对山地太阳辐射模拟的影响

DEM栅格分辨率的大小，在很大程度上影响了地形描述的精度，也是空间尺度效应和不确定性产生的重要原因之一。由DEM数据空间尺度变化引起对地形地貌描述变化的效应，给山地太阳辐射的模拟带来不确定性。因此，采用$100 \text{ m} \times 100 \text{ m}$和$1 \text{ km} \times 1 \text{ km}$不同空间分辨率DEM数据，来讨论DEM数据分辨率对山地太阳辐射模拟的可能影响。同时，应用不同分辨率DEM数据，从不同地貌类型和不同空间尺度两个方面，全面讨论DEM数据对山区天文辐射、地形开阔度和转换因子计算的影响，阐述山地太阳辐射随地貌和DEM空间分辨率的变化规律。

1.4.2.6　太阳能资源评估业务系统建设

该系统是将上述研究成果集合开发研制的基于GIS平台陕西省太阳能资源评估业务系统。该系统在海量数据的快速处理、矢量与空间数据的一体化管理、空间数据的表现和操作等方面具有很强的技术特色。该系统采用ArcEngine作为底层开发平台，并运用Define语言实现系统所有功能，模块均采用ESRI标准的COM接口实现，便于后续开发。系统主要包括辐射数据管理、辐射资源计算、太阳能资源评估和GIS辅助功能等四部分功能，可提供陕西省不同时间尺度上太阳总辐射、直接辐射、散射辐射量等的水平面和山地模拟值，并提供对太阳能资源进行丰富程度、稳定程度、资源储量等指标评估。根据系统功能需求，将系统界面设计分为6个部分：功能菜单栏、工具栏、图形图像显示区、内容表、资料列表和系统状态栏。

1.5　研究框架

基于以上分析，其技术路线如图1.3。

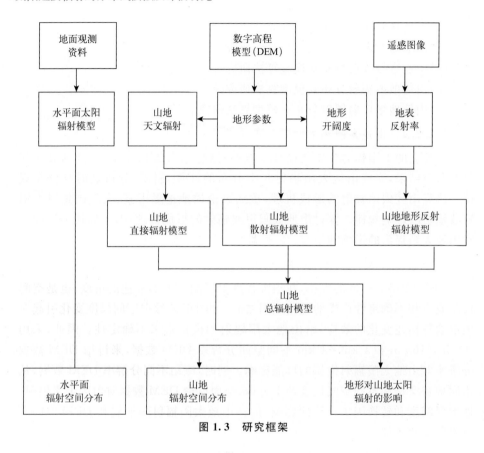

图 1.3 研究框架

1.6 研究区域简介

陕西省位于中国西北地区东部的黄河中游,地处北纬 31°42′～39°35′,东经 105°29′～111°15′,与山西、河南、湖北、重庆、四川、甘肃、宁夏、内蒙古接壤。南北长约 880 km,东西宽 160～490 km,呈现南北长、东西窄的形状。土地总面积 20.58 万 km²,人口 3772 万,辖 10 个市和杨凌农业高新技术产业示范区,107 个县(区)。境内自然资源丰富,煤炭、石油、天然气、原盐等 10 多种资源储量均列全国前茅,已探明煤炭储量达 1700 亿吨,居全国第三位;石油储量 19.11 亿吨,居全国第五;天然气储量 1.15 亿立方米,居全国第三;原盐储量 8850 多亿吨,约占全国岩盐资源的 28%;已探明资源储量总价值为 425756.6 亿元,居全国第一。陕西担负着保障国家能源安全的重任,是国家重要的能源接续地和能源输出大省之一,丰富的资源储备和能源输出的战略任务,决定了陕西高碳排放现状将会持续相当长的时间。

陕西省地处大陆性季风气候区,从北到南纵跨温带、暖温带、北亚热带三个气候带,年平均气温 8～16℃,年平均降水量 300～700 mm。气候以秦岭为界,南北差异显著:南部地处亚热带湿润季风气候区,北部地处温带半干旱季风气候区。陕北冬冷夏热,四季分明;陕南温暖湿润,雨量充沛。陕南水热条件优越,光照不足;关中光照和水热条件居中;陕北光照充足,水热资源不足。全省冬季气候以纬向分布为主,南北差异明显,夏季南北差异明显减少。同时,秦岭也是我国南北气候的一条重要的分界线,具有典型的山地气候特征,具有代表性。

陕西省在全国阶梯状地势中,处于地貌多变的第二阶梯上,山地、高原和丘陵约占全省总面积 81%,境内秦岭一般海拔 1500～3000 m,有许多海拔 3000 m以上的高峰,构成秦岭山地的高山、中山地形(图 1.4)。陕西省地势特点是南北高,中部低。北山和秦岭把陕西分为三大自然区域:北部是陕北黄土高原,中部是关中平原,南部是秦巴山地。陕北黄土高原海拔 800～1300 m,约占全省总面积 45%,北部是风沙区,南部以丘陵沟壑为主;中部是关中平原,约占全省总面积 19%,地势平坦,平均海拔 520 m,基本地貌类型是河流阶地和黄土台塬;南部秦巴山地包括秦岭、巴山和汉江谷地,约占全省总面积 36%,两山夹一川的地势结构十分突出,境内秦岭一般海拔 1500～3000 m,有许多高山、中山地形,境内的大巴山一般海拔 1500～2000 m,以山地和丘陵为主。因此,选取陕西省为例进行山地太阳短波辐射研究。

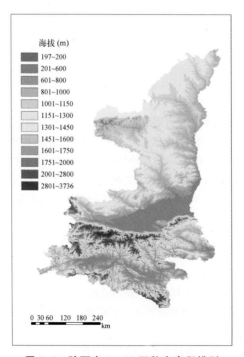

图 1.4　陕西省 1∶25 万数字高程模型

参考文献

邓自旺,倪绍祥,周晓兰,等.2003.基于数字高程模型的环青海湖地区可能太阳直接辐射的计算[J].高原气象,**22**(1):92-96.

傅抱璞.1958.论坡地上的太阳辐射总量.[J]南京大学学报(自然科学),(2):47-82.

傅抱璞.1962.坡地方位对小气候的影响[J].气象学报,**32**(1):71-86.

傅抱璞.1964.起伏地形中辐射平衡各分量的计算[J].气象学报,**34**(1):62-73.

傅抱璞.1983.山地气候[M].北京:科学出版社,51-84.

傅抱璞.1998.不同地形下辐射收支各分量的差异与变化[J].大气科学,2(2):178-190.

高国栋,陆渝蓉.1981.中国地表辐射平衡与热量平衡[M].北京:科学出版社.

何洪林,于贵瑞,刘新安,苏文,牛栋,岳燕珍.2004.中国陆地生态信息空间化技术研究(Ⅱ)-太阳辐射要素[J].自然资源学报,**19**(5):679-686

何洪林,于贵瑞,牛栋.2003.复杂地形条件下的太阳资源辐射计算方法研究[J].资源科学,**25**(1):78-85.

黄妙芬,刘素红,朱启疆.2004.应用遥感方法估算区域蒸散量的制约因子分析[J].干旱区地理,**27**:100-105.

李怀瑾,施永年.1981.非水平面日照强度和日射总量的计算方法[J].地理学报,**36**:1.

李小文,赵红蕊,张颢,王锦地.2002.全球变化与地表参数的定量遥感[J].地学前沿,**9**(2):365-370.

李小文.2005.定量遥感的发展与创新[J].河南大学学报(自然科学版),**35**(4):49-56.

李新.1996.利用数字地形模型计算复杂地形下的短波辐射平衡[J].冰川冻土,**18**(增刊):344-35.

李新,程国栋,陈贤章,等.1999.任意地形条件下太阳辐射模型的改进[J].科学通报,**44**(9):993-998.

李占清,翁笃鸣.1987.山区短波反射辐射的计算模式[J].地理研究,**6**(3):42-48.

李占清,翁笃鸣.1987a.一个计算山地地形参数的计算模式[J].地理学报,**42**(3):269-278.

李占清,翁笃鸣.1987b.一个计算山地日照时间的计算模式[J].科学通报,(17):1333-1335.

李占清,翁笃鸣.1988.丘陵山地总辐射的计算模式[J].气象学报,**46**(4):461-468.

刘晶淼,丁裕国,周秀骥,汪方.2003.地表非均匀性对区域平均水分通量参数化的影响[J].气象学报,**61**(6):712-717.

刘新安,何洪林,于贵瑞,2004.中国陆地生态信息空间化技术研究(Ⅲ)-气象要素[J].自然资源学报,**19**(6):679-686.

牛国跃.1997.陆面过程研究综述[J].地球科学进展,**12**(1):12-25.

邱新法.2003.起伏地形下太阳辐射分布式模型研究[D].南京:南京大学.

邱新法,曾燕,刘昌明.2005.起伏地形下天文辐射分布式估算模型[J].地球物理学报,**05**:1028-1033.

孙汉群,傅抱璞.1996.坡面天文辐射总量的椭圆积分模式[J].地理学报,**51**(6):559-566.

孙汉群.2005.坡面日照和天文辐射研究[M].南京:河海大学出版社.

孙淑芬,金继明.2000.陆面过程研究中的几个问题[M].//陶诗言,等.第二次青藏高原大气科学试验理论研究进展(二).北京:气象出版社,76-84.

孙治安,施俊荣,翁笃鸣.1992.中国太阳总辐射气候计算方法的进一步研究[J].南京气象学院学报,**15**(2):21-28.

田庆久,郑兰芬,童庆禧.1998.基于遥感影像的大气辐射校正和反射率反演方法[J].应用气象学报,**9**(4):456-461.

万洪涛,周成虎,万庆,等.2001.地理信息系统与水文模型集成研究评述[J].水科学进展,**12**(4)560-568.

王炳忠,等.1980.我国的太阳能资源极其计算[J].太阳能学报,**1**(1):1-9.

王守荣,黄荣辉,丁一汇,等.2002.分布式水文-土壤-植被模式的改进及气候水文 Off-line 模拟试验[J].气象学报,**60**(3):290-300.

翁笃鸣,陈万隆,沈觉成,等.1981.小气候和农田小气候[M].北京:农业出版社:115-116.

翁笃鸣.1986.中国太阳直接辐射的气候计算及其分布特征[J].太阳能学报,**7**(2):121-130.

翁笃鸣,罗哲贤,1990.山区地形气候[M].北京:气象出版社:5-8.

翁笃鸣.1997.中国辐射气候[M].北京:气象出版社.

杨金焕,于化丛,葛亮.2009.太阳能光伏发电应用技术[M].北京:电子工业出版社.

杨昕,汤国安,王雷.2004.基于 DEM 的山地总辐射模型及实现[J].地理与地理信息科学,**20**(5):41-44.

于贵瑞,何洪林,刘新安,牛栋.2004.中国陆地生态信息空间化技术研究(Ⅰ)-气候信息的空间化技术途径[J].自然资源学报,**19**(4):537-544.

曾燕,邱新法,刘昌明,姜爱军.2005.起伏地形下黄河流域太阳直接辐射分布式模拟[J].地理学报,**60**(4):680-688.

曾燕,邱新法,缪启龙,等.2003.起伏地形下我国可照时间的空间分布[J].自然科学进展,**13**(5):545-548.

张强.1998.简评陆面过程模式[J].气象科学,**18**(3):295-304.

朱瑞兆,祝昌汉.1998.中国太阳能、风能资源及其利用[M].北京:气象出版社.

朱志辉.1987.墙面太阳辐照的理论计算和模式估计[J].地理学报,**42**(1):28-41.

朱志辉.1988.非水平面天文辐射的全球分布[J].中国科学(B辑),(10):1100-1110.

左大康,周允华,项月琴,等.1991.地球表层辐射研究[M].北京:科学出版社.

Abbott M B,Bathurst J C,Cunge J A,et al.1986.An introduction to the European hydrological system-systeme hydrologique Europeen,"SHE",2:structure of a physically based,distributed modeling system[J].*Journal of Hydrology*,**87**:61-77.

Ahmad F,Aquil Burney S M,Husain S A.1991.Monthly average daily global beam and diffuse solar radiation and its correlation with hours of bright sunshine for Karachi,Pakistan[J].*Renew Energy*,**1**:115-118.

Arola A,Letenmaiter D P.1996.Effects of subgrid spatial heterogeneity on GCM-scale land surface energy and moisture fluxes[J].*J Climate*,**9**(6):1339-1349.

Atwater M A,Ball J T.1978.A numerical solar radiation model based on standard meteorological observations[J].*Solar Energy*,**21**:163-170.

Ångström A. 1924. Solar and atmospheric radiation[J]. *Q J R Met Soc*, **20**:121-126.

Barker H W, Li Z. 1995. Improved simulation of clear-sky shortwave radiative transfer in the CCC GCM[J]. *J Climate*, **8**: 2213-2223.

Benson R B, Paris M V, Sherry J E, Justus C G. 1984. Estimation of daily and monthly direct, diffuse and global solar radiation from sunshine duration measurements[J]. *Solar Energy*, **32**:523-535.

Berk A, Bernstein L S, Robertson D C. 1989. MODTRAN. A Moderate Resolution Model for OWTRAN 7[R]. GL-TR-89-0122, Phillips Laboratory, Geophysics Directorate, Hanscom Air Force Base, Massachusetts.

Bird R E, Hulstrom R L, Lewis L J. 1983. Terrestrial solar spectral data sets[J]. *Solar Energy*, **30**:563-573.

Bird R E, Hulstrom R L. 1981. A simplified clear-sky model for the direct and diffuse insolation on horizontal surfaces[R]. US-SERI/TR-642-761, National Renewable Energy Laboratory, Golden, Colorado.

Black J N, Bonython C W, Prescott J A. 1954. Solar radiation and the duration of sunshine [J]. *Q J R Meteorol Soc*, **80**: 231-235.

Bocquet G, 1984. Method of Study and Cartography of the Potential Sunny Periods in Mountainous Areas[J]. *Journal of Climatology*, **1**(4): 587-596.

Braslau N, Dave J V. 1973. Effect of aerosol on the transfer of solar energy through realistic model atmosphere[J]. Part I: Non-absorbing aerosols. *J Appl Meteor*, **12**:601-615.

Brown D G. 1994. Comparison of vegetation-topography relationships at the alpine treeline ecotone[J]. *Physical Geography*, **15**(2):125-145.

Christopher, Ronald P N, Phillips D L. 1994. A Statistical-Topographic Model for Mapping Climatological Precipitation over Mountainous Terrain[J]. *J Appl Meteor*, **33**: 140-158.

Copplino S. 1994. A new correlation between clearness index and relatives sunshine[J]. *Renewable Energy*. **4**(4):417-423.

Daly C, Taylor C H, Gibson W P. 1997. The PRISM approach to mapping precipitation and temperature[A]. In: Amer. Meteor. Soc. Proc. 10th AMS Conf. on Applied Climatology Meteorogical Soc, Reno, NV[J]. Boston, Mass: *Amer Meteor soc*, 20-23, 10-12.

Davies J A, McKay D C. 1984. Evaluation of selected models for estimating solar radiation on horizontal surfaces [J]. *Solar Energy*, **2**: 405-424.

Davies J A, Mckay D C. 1989. Evaluation of selection of selected models for estimating solar radiation on horizontal surface[J]. *Solar Energy*, **43**:153-168.

Davies J A, Schertzer W, Nunez M. 1975. Estimating global solar radiation[J]. Bound Layer Meteor, **9**:33-52.

Dozier J, Frew J. 1990. Rapid calculation of terrain parameters for radiation modeling from digital elevation data[J]. *IEEE Transaction on Geoscience and Remote Sensing*, **28**(5): 963-969.

Dubayah R, Dozier J, Davis F W. 1990. Topographic distribution of clear sky radiation over the Konza Prairie, Kansas, USA[J]. *Water Resour Res*, **26**: 679-690.

Dubayah R, Rich P M. 1995. Topographic solar radiation models for GIS[J]. *International Journal of Geographic information system*, **9**:405-413.

Erbs D G, Klein J A, Duffie J A. 1982. Estimation of the diffuse radiation fraction for hourly, daily and monthly average global radiation[J]. *Solar Energy*, **28**: 293-302.

Eric F V, Tan D,Deuzc J L, Herman M, Morcrette J J. 1997,Second simulation of satellite signal in the solar spectrum, 6S: an overview[J]. *IEEE Trans Geosci Remote Sens*, **35**: 675-686.

Flippo Giorgi. 1997a. An approach for the representation of surface heterogeneity in land surface models. Part Ⅰ: Theoretical framework[J]. *Mon Wea Rev*, **125**:1885-1899.

Flippo Giorgi. 1997b. An approach for the representation of surface heterogeneity in land surface models. Part Ⅱ: Validation and sensitivity experiments[J]. *Mon Wea Rev*, **125**: 1900-1915.

Fu P, Rich P M. 2000. A geometric solar radiation model and its applications in agriculture and forestry[J]. *Proceedings of the Second International Conference on Geospatial Information in Agriculture and Forestry*, 357-364.

Garnier B J, Ohmura A. 1968. A method of calculating the direct shortwave radiation income of slopes[J]. *J Appl Meteor*, **7**:796-800.

Garnier, B J, Ohmura A. 1970. The evaluation of surface variations in solar radiation income [J]. *Solar Energy*,**13**: 21-34.

Gopinathan K K. 1988. A general formula for computing the coefficients of the correction connecting global solar radiation to sunshine duration[J]. *Solar Energy*, **41**（6）: 499-502.

Paulin G. 1980. Simulation del'energie solaire au sol. Atmos[J]. Ocean, **18**: 286-303.

Gueymard C. 1996. Multilayer-weighted transmittance functions for use in broadband irradiance and turbidity calculations. In: Campbell-Howe, R., Wilkins-Crowder, B. (Eds.), Proceedings of Solar'96, Annual Conference of the American Solar Energy Society[J]. ASES, Asheville, NC:281-288.

Gueymard C. 1998. Turbidity determination from broadband irradiance measurements: A detailed multi-coefficient approach[J]. *J Appl Meteor*, **37**:414-435.

Gueymard C. 2003a. Direct solar transmittance and irradiance predictions with broadband models. Part I: detailed theoretical performance assessment[J]. *Solar Energy*, **74**:355-379.

Gueymard C. 2003b. Direct solar transmittance and irradiance predictions with broadband models. Part II: validation with high-quality measurements[J]. *Solar Energy*, **74**: 381-395.

Gueymard C. 2004. High performance model for clear-sky irradiance and illuminance[J]. *American Solar Energy Society*,423-453.

Hamdan M A, Al-Sayeh A I. 1991. Diffuse and global solar radiation correlations for Jordan

[J]. *Int J Solar Energy*，**10**：145-154.

Hay J E. 1979. Calculation of monthly mean solar radiation for horizontal and inclined surfaces [J]. *Solar Energy*，**23**(4)：301-307.

Hay J E，McKay D C. 1985. Estimating solar radiance on inclined surfaces：a review and assessment of methodologies[J]. *Int J Solar Energy*，**3**：203-240.

Herbert H. Kimball. 1928. Amount of solar radiation that reaches the surface of the earth on the land and on the sea，and methods by which it is measured [J]. *American meteorological society*，**56**(10)，393-398.

Hinrichsen K. 1994. The Ångström formula with coefficients having a physical meaning[J]. *Solar Energy*，**52**(6)：491-495.

Hoyt D V. 1978. A model for the calculation of solar global insolation[J]. *Solar Energy*，**21**：27-35.

Iqbal M. 1979. Correlation of average diffuse and beam radiation with hours of bright sunshine [J]. *Solar Energy*，**23**(2)：169-173.

Iqbal M. 1983. An introduction to Solar radiation[M]. Toronto：Academic Press，303-307.

Javier G. 2003. Vectorial algebra algorithms for calculating terrain parameters from DEMs and solar radiation modeling in mountain terrain[J]. *Geographical Information Science*，**17**(1)：11-23.

Jens C R，Jesper K. 1996. Operational Validation and Intercomparison of Different Types of Hydrological Models[J]. *Water resources Research*，**7**(32)：2189-2202.

Kasten F，Czeplak G. 1980. Solar and terrestrial radiation dependent on the amount and type of cloud [J]. *Solar Energy*，**24**：177-189.

Kimball H B. 1935. Intensity of solar radiation at the surface of the Earth：its variation with latitude，aititude，season & time of day[J]. *Monthly Weather Review*，**63**(1)：1-4.

Kneizys，et al. 1996. The MODTRAN 2/3 report and LOWTRAN 7 model[M]North Andover：AFGL－TR Press.

Kneizys F X，Shettle E P，et al. 1989. User's Guide to LOWTRAN 7[M]. AFGL-TR，88-177.

Kumar I，Skidmore A K，Knowles E. 1997. Modeling topographic variation in solar radiation in a GIS environment[J]. *International Journal of Geographic Information Science*，**11**：475-497.

Lacis A，Hansen J E. 1974. A parameterization for the absorption of solar radiation in the earth's atmosphere[J]. *J Atmos Sci*，**22**：40-63.

Lam J C，Li D H W. 1996. Correlation between global solar-radiation andits direct and diffuse components[J]. *Building and Environment*，**31**(6)：527-355.

Li B，Avissar R. 1994. The impact of spatial variability of land-surface characteristics on land-surface heat fluxes[J]. *J Climate*．**5**，1379-1390.

Liu B Y H，Jordan R C. 1960. The interrelationship and characteristic distribution of direct，diffuse and total solar radiation[J]. *Solar Energy*，**4**：1-19.

Liu D L,Scott B J. 2001. Estimation of solar radiation in Australia from rainfall and temperature observations[J]. *Agricultural and Forest Meteorology*, **106**: 41-59.

Louche A,Notton G, Poggi P,Simonnot G. 1991. Correlations for direct normal and global horizontal irradiation on a French Mediterranean site [J]. *Solar Energy*, **46** (4): 261-266.

Swift L W. 1976. Algorithm for solar radiation on mountain slopes[J]. *Water Resources Research*. **12**(1):108-112.

Ma C C, Iqbal M. 1984. Statistical comparison of solar radiation correlation, monthly average global and diffuse radiation on horizontal surfaces[J]. *Solar Energy*,**33**:143-148.

Mackey B G,McKenney D W,Yang Y Q,et al. 1996. Site regions revisite: a climatic analysis of Hills' site regions for the province of Ontario using a parametric method[J]. *Canadian Journal of Forest Research*. **26**:333-354.

Maxwell E L. 1998. METSTAT — the solar radiation model used in the production of the NSRDB[J]. Solar Energy,**62**(4): 263-279.

Goodchild M F,Steyaert L T,Parks B O, et al. GIS and Environmental Modeling: Progress and Research Issues [M]. Fort Collins, CO: GIS World Books .1996.

Michalsky J J. 1992. Comparison of a National Weather Service foster sunshine recorder and the World Meteorological Organization standard for sunshine duration[J]. Solar Energy, **48**(2):133-141.

Moon P. 1940. Proposed standard solar-radiation curves for engineering use[J]. *J Franklin Institute*,**230**: 583-617.

Munro D S. 1991. A surface energy exchange model of glacier melt and net mass balance[J]. *Inter J of Clim*, **11**:689-700.

Newland F J. 1989. A study of solar radiation for the coastal region of South China[J]. Solar Energy,**43**(4):227-235.

Oliphant A J,Spronken-Smith R A, Sturman A P, et al. 2003. Spatial variability of surface radiation fluxes in mountainous terrain[J]. *J Appl Meteor*. **42**: 113-128.

Page J K. 1961. Estimation of monthly mean values of daily total short-wave radiation on vertical and inclined surfaces from sunshine records for latitudes 408 N-408 S[M]. In: Proceedings of UN Conference on New Sources of Energy.

Prescott J A. 1940. Evaporation from a water surfaces in relation to solar radiation[J], *Trans R Soc S Aust*, **64**: 114-118.

Ranzi R, Rosso R. 1995. Distributed estimation of incoming direct solar radiation over a drainage basin[J]. *Journal of Hydrology*,**166**:461-478.

Reindl D T, Beckman W A, Duffie J A. 1990. Diffuse fraction correlation[J]. *Solar Energy*, **45**:1-7.

Revfeim K J A. 1978. A simple procedure for estimating global daily radiation on any surface [J]. *J Appl Meteor*,**17**: 1126-1131.

Revfeim K J A. 1982. Simplified relationships for estimating solar radiation incident on any flat surface[J]. *Solar Energy*，**28**（6）：509-517.

Rich P M，Hetrick W A，Saving S C. 1995. Modeling topographic influences on solar radiation. A manual for the SOLARFLUX Model [R]. Technical Report.

Rietveld M R. 1978. A new method for estimating the regression coefficients in the formula relating solar radiation to sunshine[J]. *Agric Meteorol*，**19**：243-252.

Roberto R ，Renzo R. 1995. Distributed estimation of incoming direct solar radiation over a drainage basin[J]，*J of Hydrology*，**166**：461-478.

Slingo A. 1989. A GCM parameterization for the shortwave radiative properties of water clouds[J]，*J Atmos Sci*，**46**：1419-1427.

Steven W. Running，Ramakrishna RNemani and Roger D. 1987. Hungerford. Extrapolation of synoptic meteorological data in mountainous terrain and its use for simulating forest evapotranspiration and photosynthesis[J]. *Canadian Journal of Forest Research*，**17**(6)：472-483.

Suckling P W. 1985. Estimating daily solar radiation values in selected mid-latitude regions by extrapolating measurements from nearby stations[J]. *Solar Energy*，**35**：491-495.

Thornton P E，Running S W. 1999. An improved algorithm for estimating incident daily solar radiation from measurements of temperature，humidity，and precipition[J]. *Agricultural and Forest Meteorology*，**93**：211-228.

Thornton P E，Running SW，White M A. 1997. Generating surfaces of daily meteorological variables over large regions of complex terrain[J]. *J Hydrol*，**190**：214-251.

Vignola F，McDaniels D K. 1986. Beam-global correlations in the Northwest Pacific[J]. *Solar Energy*，**36**(5)：409-418.

Ward D M. 1995. Comparison of the surface solar radiation budget derived from satellite data with that simulated by the NCAR GCM2[J]. *J Climate*，**8**：2824-2842.

Williams L D，Barry R G，Andrews J T. 1972. Application of computed global radiation for areas of highrelief[J]. *J Appl Meteor*，（11）：526-533.

Wong L T，Chow W K. 2001. Solar radiation model[J]. *Applied Energy*，**69**：191-224.

Yang K，Huang G W，Tamai N. 2001. A hybrid model for estimating global solar radiation [J]. *Solar Energy*，**70**：13-22.

Zeng Y，Qiu X F，Miao Q L，et al. 2003. Distribution of possible sunshine duration over rugged terrains of China[J]. *Progress in Natural Science*，**13**(10)：761-764.

第2章　水平面太阳辐射估算模型

　　建立水平面太阳辐射估算模型的根本目的是通过理论的或经验的数学函数，模拟大气对到达地面太阳辐射的消减规律。计算地球上实际太阳辐射能量的大小和它在时间、空间的分布和变化规律是比较复杂的，因为地球的外围有一层大气圈，地球的表面地形高低起伏分布不一致。太阳辐射能通过大气时，要受到大气的反射、吸收和散射等的减弱作用；太阳辐射能到达地球表面时，由于地面性质不同，又要发生不同的反射辐射。影响水平面辐射气候形成的自然因子主要有三类，即天文因子、大气因子和地理因子(翁笃鸣，1997)。天文因子包括太阳常数、日地相对距离、太阳赤纬、太阳高度角、太阳方位角和太阳时角等；地理因子包括测点的纬度、经度、海拔高度；大气因子包括云(云量、云的类型等)，日照百分率，日照时数，大气分子和气溶胶粒子的散射，臭氧、CO_2 及水汽的吸收，地表与云之间的多重反射等。

　　水平面太阳总辐射是太阳直接辐射和散射辐射的总和。常规日射站基本都设置在开阔的平地上，仅代表了水平面辐射观测结果。因此，基于日射站观测资料建立的估算模式都是水平面太阳辐射估算模式。目前，全世界具有多年太阳辐射观测资料序列的观测站仅一千多个，其中，我国约有一百多个。单靠这些站点的实测辐射资料来分析全球以及各国的分布，显然是不够的。因此，研制物理依据充分、计算精度较高、使用方便的辐射气候学计算方法就成了辐射气候研究的关键。辐射气候学研究有别于大气辐射学研究，它主要侧重于研究地球表面与大气间辐射交换的常年平均状况及其变化，较少注意其瞬时过程。

　　本章依托气象站太阳辐射和常规气象站观测资料，在适当的数据集群基础上建立水平面太阳辐射经验估算模式，用成分分解模型中的大气透射率等概念来描述大气对太阳短波辐射影响，解决大气物理因子和气象因子对太阳辐射的影响，从而将太阳辐射在复杂地表上的重分布过程与大气过程独立开来。

2.1 模型介绍

2.1.1 物理理论模型

物理理论模型是根据太阳辐射在大气中的传输过程而建立的辐射估算模型。它们大多详细地考虑了大气中的主要成分对太阳短波辐射的影响,根据大气对直接辐射和散射辐射产生的不同机理,分别进行模拟。通常物理模型可分为:宽光谱模型(Broadband)和频谱模型。

大多数的物理理论模型是宽光谱模型,宽光谱的大气辐射模型是指:研究对象为直接太阳光,它包含了波长为 $0.2\sim5~\mu m$ 的波动,通常考虑的是整层大气,即将大气看成一层。其中比较有影响的理论模型有:从最初的 Atwater Model(Atwater,Ball,1978),Hoyt Model(Hoyt,1978)、到得到广泛应用的 Bird Clear Sky Model(Bird,Hulstrom,1981)、Iqbal Model C(Iqbal,1983)、被用于美国国家太阳辐射数据库建设的 METSTAT Model(Meteorological/Statistical)(Maxwell,1998);以及广泛应用于工程与建筑业的 ASHRAE Model、用于制作《欧洲太阳辐射图集》的 Page Mode(Page,1997)等,大气辐射传输模型的研究得到了广泛的发展和应用。

1981 年 Bird 通过对 5 个宽光谱晴空太阳辐射参数模型的大气透射率(气溶胶、Rayleigh 分子散射、水汽、臭氧)以及直接辐射、散射辐射、总辐射与精确的谱模型逐一进行严格的比较,最后获得一个宽光谱的晴空太阳辐射模型(Bird Clear Sky Model)。

Iqbal 的太阳辐射参数模型包括 Iqbal's A、Iqbal's B、Iqbal's C。Iqbal's A 是基于早期的 MAC 模型,但是有一个重要的改进:Iqbal 引进了气溶胶的消光透射率 T_A,认为它是 M_a(气压订正后的空气质量)、β(埃斯屈朗浊度系数)和 α(埃斯屈朗浊度指数):

$$T_A = (0.12445\alpha - 0.0162) + (1.003 - 0.125\alpha) \times$$
$$\exp[-M_a\beta(1.089\alpha + 0.5123)] \tag{2.1}$$

气溶胶的前向散射是以查表的形式给出的。

Iqbal's B 是在 Hoyt 的模型基础上的改进,用指数拟合的形式代替了原来的查表。Iqbal's C 基本上采用 Bird 模型。除了太阳常数由 1353 W·m^{-2} 变为 1367 W·m^{-2},唯一的不同在于:Iqbal's C 对大气可降水进行了温度和气压订正,而 Bird 模型没有订正;在计算 T_A 时,Iqbal's C 使用的气压订正的空气质量(绝对空气质量),而 Bird 模型中空气质量没有进行气压订正。

• Iqbal model C

(1)与太阳光线垂直表面的直接辐射辐照度 I_n（W·m^{-2}）

$$I_n = 0.9751 \left(\frac{1}{\rho}\right)^2 I_0 T_R T_O T_{UM} T_W T_A \tag{2.2}$$

式中

I_0 为太阳常数（1367 W·m^{-2}）；

$\left(\frac{1}{\rho}\right)^2$ 为日地距离订正系数（又称地球轨道偏心率订正系数，无量纲）；

折算系数 0.9751，是由于光谱间隔为 0.3～3 μm 时积分引入的订正系数；

T_R 为空气分子 Rahleigh 散射透射率，无量纲；

T_O 为臭氧吸收透射率，无量纲；

T_{UM} 为 CO_2、氧气等均一混合气体的吸收透射率，无量纲；

T_W 为水汽的吸收透射率，无量纲；

T_A 为气溶胶的吸收散射透射率，无量纲；

上述参数的计算式为：

$$T_R = e^{-0.0903 M_a^{0.84}(1+M_a-M_a^{1.01})} \tag{2.3}$$

$$T_O = 1 - \left[0.1611 X_O (1+139.48 X_O)^{-0.3035} \right.$$
$$\left. - 0.002715 X_O (1+0.044 X_O + 0.0003 X_O^2)^{-1}\right] \tag{2.4}$$

$$T_{UM} = e^{-0.0127 M_a^{0.26}} \tag{2.5}$$

$$T_W = 1 - 2.4959 X_W \left[(1+79.034 X_W)^{0.6828} + 6.385 X_W\right]^{-1} \tag{2.6}$$

$$T_A = e^{-\tau_A^{0.873}(1+\tau_A-\tau_A^{0.7088})M_a^{0.9108}} \tag{2.7}$$

其中，

$M_a = M_r \left(\dfrac{p}{1013.25}\right)$ 无量纲，为经气压订正后的空气质量；

M_r，无量纲，为标准大气压下的空气质量；

p 为实际大气压，单位百帕（hPa）；

h_θ 为太阳高度角，单位：度（deg）；

$X_O = U_O M_r$ 为订正后的臭氧厚度，单位（cm）；

U_O 为垂直方向上的臭氧厚度，单位（cm）；

$X_W = U_W M_r$ 为订正后的大气可降水量，单位（cm）；

U_W 为气压=1013.25 hPa、气温=273 K 的理想大气条件下的大气可降水量；

τ_A 为气溶胶光学厚度，无量纲；

水平面上的太阳直接辐射辐照度

$$I_b = I_n \cos Z_\theta \text{（W·m}^{-2}) \tag{2.8}$$

(2)水平面上的散射辐射辐照度 I_d（W·m^{-2}）

散射辐射由三部分组成，分子 Rayleigh 散射 D_r（W·m^{-2}）、气溶胶散射 D_a

$(W \cdot m^{-2})$ 和地表与大气间的多重散射 D_m $(W \cdot m^{-2})$。即：

$$I_d = D_r + D_a + D_m \tag{2.9}$$

其中：

$$D_r = 0.79 \left(\frac{1}{\rho}\right)^2 I_0 \sinh_\theta T_O T_{UM} T_W T_{AA} 0.5 (1 - T_R) / (1 - M_a + M_a^{1.02}) \tag{2.10}$$

$$D_a = 0.79 \left(\frac{1}{\rho}\right)^2 I_0 \sinh_\theta T_O T_{UM} T_W T_{AA} F_c (1 - T_{AS}) / (1 - M_a + M_a^{1.02}) \tag{2.11}$$

$$D_m = \frac{(I_n \sinh_\theta + D_r + D_a) \rho_g \rho_a}{1 - \rho_g \rho_a} \tag{2.12}$$

式中，

$T_{AA} = 1 - (1 - \bar{\omega}_0)(1 - M_a + M_a^{1.06})(1 - T_a)$，无量纲，为气溶胶粒子吸收透射率；

$\bar{\omega}_0$，气溶胶单向散射消减占气溶胶总消减量的比，无量纲，一般可取值 0.9；

$T_{AS} = \dfrac{T_A}{T_{AA}}$，无量纲；

ρ_g，为地表反射率，无量纲；

ρ_a，为晴空逆反射率，无量纲，$\rho_a = 0.0685 + (1 - F_c)(1 - T_{AS})$

F_c，为气溶胶前向散射占总散射的比，无量纲，一般可取值 0.84；

h_θ 为太阳高度角，$\sinh_\theta = \cos Z_\theta$

(3)水平面上的太阳总辐射辐照度 I_t $(W \cdot m^{-2})$：

$$I_t = I_b + I_d = (I_n \cos Z_\theta + D_r + D_a)\left(\frac{1}{1 - \rho_g \rho_a}\right) \tag{2.13}$$

• METSTAT（Meteorological/Statistical）Model

METSTAT 晴空太阳辐射模型基本上与 Iqbal's C 是一致的。仅在水汽和气溶胶的透射率上有所改进，标准大气压下的空气质量 M_r，据 Kasten&Young 公式(1989)的公式，而 Iqbal's C 采用的 Kasten(1965)的公式。经过严格的理论和观测数据检验此模型具有较高精确度，属于 Gueymard 推荐的 7 个模型之一。这个模型被用于美国国家太阳辐射数据库建设。

在晴空的情况下，像 Iqbal Model C 模型一样，METSTAT 也是基于 Bird' Model 改进的。

不同之处在于：

(1)日地距离订正系数的折算系数为 0.9751；

(2)T_W，水汽吸收透射率进行了改进

$$T_W = 1.0 - 1.668 X_W [(1.0 + 54.6 X_W)^{0.637} + 4.042 X_W]^{1.0} \tag{2.14}$$

(3)空气质量的计算公式变化

$$M_a = M_r(\frac{p}{1013.25}) \tag{2.15}$$

其中，依据 Kasten&Young 公式(1989)精确计算：

$$M_r = \frac{1}{\sin h_\theta + 0.50572 (h_\theta + 6.07995°)^{-1.6364}} \tag{2.16}$$

(4)T_A，气溶胶粒子散射透射率

$$T_A = e^{-\tau_A^{0.873} (1+\tau_A-\tau_A^{0.7088})M_a^{0.9108}} \tag{2.17}$$

2.1.2 经验模型

用参数模型来计算直接辐射、散射辐射和反射辐射要求输入云量、云层、云的类型、云的光学厚度、云的位置等资料，但是这些资料在通常的情况下是很难获得的。然而，日照时数和总的云覆盖(云对天空的遮蔽度)资料是较容易获得的。因此，应用日照时数和太阳辐射之间的相关关系来估算太阳辐射的模式得到了发展。按照模型中采用的因子不同，可以将太阳辐射经验估算模式分为日照百分率模式、云量模式、成分分解模式等(Davies，1984，1989)。

• **日照百分率模型**

Ångström (1924)最先提出利用日照百分率，即实际日照时数(S)与可照时数(S_0)的百分比，来估算总辐射(月平均日总量)(G_t，MJ·m^{-2})的表达式：

$$G_t = G_c[a_0 + (1-a_0)S/S_0] \tag{2.18}$$

其中，G_c 为可能太阳总辐射，单位：MJ·m^{-2}；a_0 为经验系数，代表全阴天条件下水平面上接受的散射辐射占可能太阳总辐射的比例(Black et al，1954)。

在没有太阳辐射观测资料的情况下，很难精确估算可能太阳总辐射 G_c，因此，Prescott (1940)用天文辐射 H_0 替代 Ångström 公式中的可能太阳总辐射 H_c，并给出如下计算式：

$$G_t/G_0 = a_1 + a_2 S/S_0 \tag{2.19}$$

其中，a_1、a_2 为经验系数；分别为 0.22，0.54，经验确定；G_0 为水平面上的天文辐射，单位：MJ·m^{-2}。

尽管 Ångström-Prescott 公式的形式非常简单，但在世界各地得到了广泛的使用。迄今为止，80 多年的检验证明，Ångström-Prescott 公式是有效的。

Black 等(1954)认为采用抛物线式比较适合：

$$G_t = G_o[a_3 + a_4 S/S_0 + a_5 (S/S_0)^2] \tag{2.20}$$

Page(1961)在使用 Ångström-Prescott 公式估算常年平均总辐射时指出：Ångström-Prescott 公式的线性形式在估算极端气候条件下(即：$S/S_0 = 1$ 的完全晴天和 $S/S_0 = 0$ 的完全阴天)的总辐射值时，结果可能偏大。这一观点被 Benson 等人 (1984) 和 Michalsky(1992) 在估算日总辐射量时所证实。据此，Page 提出了类似的总辐射估算式。

- **云量模型**

云对辐射有重要影响,也是一般气象台站的常规观测资料之一。长期以来,对云量、云高、云状等资料的观测,主要依靠观测员目视记录。直至1991年,在美国等发达国家逐步推广应用自动气象站之后,才开始用仪器对云进行观测(Maxwell,1998)。

Kimball(1928)根据美国站点的资料,得出太阳总辐射的云量估算模式:

$$H = H_0 \left[c_6 + c_7 (1 - N) \right] \tag{2.21}$$

其中,c_6、c_7为经验系数;N为平均总云量。

Kasten(1980)提出指数形式的太阳总辐射云量估算模式:

$$H = H_0 \left[1 - c_8 \left(\frac{1}{8} N \right)^{c_9} \right] \tag{2.22}$$

其中,c_8、c_9为经验系数;N为八进制的总云量。

该模式对太阳高度角 $h_\theta \leqslant 66°$ 的情形有效。

- **成分分解模式**

建立成分分解模型的原因:

在辐射理论研究和工程应用中水平面单个小时的总辐射和散射辐射是非常重要的。但是对于许多气象站每小时的总辐射是可以获得的,但是不容易获得每小时的散射辐射。因此发展了成分分解模型来利用观测的总辐射资料来计算散射辐射资料。

晴空指数 $k_t = \dfrac{G_t}{G_o}$ 为水平面太阳总辐射与天文辐射之比;

散射系数 $k_d = \dfrac{I_d}{G_o}$ 为水平面散射辐射与天文辐射之比;

直接透射率 $k_b = \dfrac{I_b}{G_o}$ 为水平面直接辐射与天文辐射之比;

散射分量 $f_d = \dfrac{I_d}{G_t}$ 为水平面散射辐射与水平面太阳总辐射之比。

成分分解模式就是通过研究晴空指数和其他指数之间的相互关系,来估算散射辐射或直接辐射。

Liu & Jordan(1960)率先提出:散射分量 f_d 与晴空指数 k_t 之间存在密切关系,并得出:

$$f_d = a_0 + a_1 k_t + a_2 k_t^2 + a_3 k_t^3 \tag{2.23}$$

这一结果被后来的许多研究结果所证实。

2.1.3 模型评述

在辐射气候研究中,由于日射站点较少,实测辐射资料远不能满足研究和应用的需要,还需要借助各种其他的气象资料间接计算而得以发展。

参数模型具有坚实的物理基础,详细地考虑了大气(云)对太阳辐射的影响,模型需要输入的参数较多,且不易获得,因此限制了模型的广泛推广应用。而经验模型由于日照时数(日照百分率)、云量等资料在常规气象站均可直接得到,因此日照百分率模型、云量模型和成分分解模型由于物理意义明确、结构简单、使用比较方便、具有较高的精确度等优点,得到了很大的发展。但是由于基于经验的拟合模式,因此存在着计算式中经验系数的稳定性和时间及空间扩展问题。在辐射气候计算的经验模型中,都倾向使用日照百分率模型,主要是日照资料是器测项目,观测质量比较可靠且容易取得等优点。

云量模型由于目前关于云的观测都是目测项目,限制了云量模型的发展。虽然如此,使用云量模型计算辐射仍有其特定的价值,对气象站点稀少的广大海洋、高山和荒漠地区尤为重要。特别是随着云观测自动化以及卫星技术的广泛应用,云量模型将有广阔的应用前景。

成分分解模型是通过晴空指数来估算散射辐射或直接辐射,而计算晴空指数必需首先计算总辐射,在没有日射站的地区,对总辐射的估算将会给直接辐射和散射辐射的计算带来双重误差。但成分分解模型中提出的晴空指数、直接透射率、散射系数等概念是描述大气对太阳短波辐射影响的综合指标,从而将太阳辐射在复杂地表上的重分布过程与大气过程独立开来,这无疑对实际复杂地形下太阳辐射的空间分布研究是有益的(孙汉群,1993)。

2.2 研究思路

针对水平面太阳辐射估算中存在的经验系数的时空稳定性、直接辐射和散射辐射经验模式不闭合等问题,应用改进成分分解模型,用大气透射率等概念来描述大气物理因子和气象因子对太阳辐射的综合作用,从而将太阳辐射在复杂地表上的重分布过程与大气过程独立开来,是解决天空因素对太阳辐射影响的有效手段。依据气象站太阳辐射和常规气象要素观测资料,通过采用数据集群技术,通过将不同日射观测站不同月份太阳辐射资料集群作为一个样本、不同日射观测站所有月份太阳辐射资料集群作为一个样本、所有日射观测站同一月份的太阳辐射资料集群作为一个样本、所有日射观测站所有月份太阳辐射资料集群作为一个样本等不同程度的数据集群方案,分别建立日照百分率形式的太阳辐射单站分月模型、单站模型、分月模型和统一模型,利用 SPSS 等统计软件确定少量的模型系数,计算不同估算模型的误差指标。深入分析不同数据集群下,模型系数的时空分布稳定性和模型误差指标的时空分布特征,确定最佳的水平面直接辐射、散射辐射和总辐射经验模式,使建立的经验模式既具有较高的精度,又具有一定的空间稳定性(图 2.1)。

图 2.1　水平面太阳辐射估算技术路线

2.3　资料来源及数据处理

2.3.1　数据来源及处理

所用气象资料由中国气象局国家气象中心提供（该资料已经过了初步的质量控制），所有要素的时间单位为月。主要包括：①陕西省及其周边 124 个常规气象站 1960—2006 年月日照百分率资料；②陕西省及其周边 14 个日射站 1960—2006 年月太阳辐射量资料（包括：直接辐射、散射辐射和总辐射），辐射资料均为月总量值（图 2.2）。经过严格的质量检测及与天文辐射对比分析，剔除了其中的无效记录。最终得到的有效记录为：总辐射资料 3654 条；直接辐射资料 2138 条；散射辐射资料 2138 条。

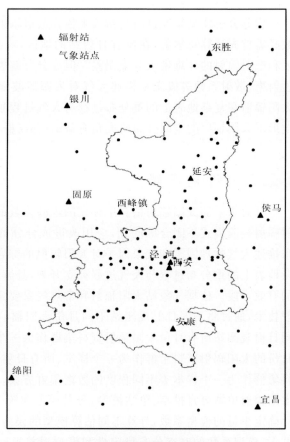

图 2.2　有常年总辐射观测记录的日射站和
常规气象站空间分布图

2.3.2 模型性能评价指标

模型的性能评价指标包括:(Elagib et al, 1999;Ampratwum et al, 1999):

平均绝对误差 $MABE$(Mean Absolute Bias Error):

$$MABE = \frac{1}{n}\sum_{i=1}^{n}|Q_i - \hat{Q}_i| \qquad (2.24)$$

平均相对误差绝对值 $MARBE$(Mean Absolute Relative Bias Error):

$$MARBE = \frac{1}{n}\sum_{i=1}^{n}\left|\frac{Q_i - \hat{Q}_i}{Q_i}\right| \qquad (2.25)$$

其中,Q_i 为水平面辐射观测值;$\hat{Q}_i$ 为水平面辐射模拟值。

2.4 水平面总辐射估算模型

2.4.1 辐射气候计算的基本问题

对辐射气候计算方法研究表明:研制一个好的辐射气候计算公式,一般需解决以下几个基本问题(翁笃鸣,1997)。

一是起始数据的确定问题。起始数据在确定各辐射量中起着近似值的作用,所以选择一个好的起始数据,对提高计算式精度具有非常重要的意义。一般天文辐射、可能总辐射和理想大气总辐射都可以作为总辐射的起始计算数据。就起始数据对实际总辐射的近似程度看,天文辐射只是第一近似,理想大气总辐射为第二近似,可能总辐射是第三近似。天文辐射计算方便,且无计算误差,理想大气总辐射次之,而可能总辐射的计算精度一般要差些。祝昌汉(1982b)、孙治安等(1992)研究比较结果表明,各种起始数据所得结果均比较满意,其中尤以可能总辐射的效果最好,其次天文辐射,理想大气总辐射的拟合效果略差。但由于可能总辐射计算要考虑各地大气中水汽、气溶胶等因子,计算较复杂。而天文辐射计算方便,且无误差,而被广泛应用。

二是天空遮蔽度函数的确定问题,这里包括天空遮蔽度因子的选择以及遮蔽函数的形式两个方面。日照和云是公认的两个天空遮蔽度因子。在我国的辐射气候计算式中,几乎都倾向于使用日照百分率作为遮蔽因子,主要是日照资料是器测项目,观测质量比较可靠并且容易取得等优点。此外,祝昌汉(1982a)从日照百分率与云量的空间稳定性以及两者各自与相对辐射(Q/S_0)的相关性等方面论证使用日照百分率的优点,王炳忠等(1980)研究也证实日照百分率为遮蔽因子为最佳。

三是天空遮蔽度函数中经验系数的时空稳定性问题,其目的是使所得经验函数能够在时间和地域上具有较大的稳定性,便于推广应用。由于经验系数的物理意义比较复杂,它们的取值在区域上存在较大的变化,限制了经验公式的空间推广。许多学者通过采用经验系数参数化的途径来解决它们空间推广问题。

2.4.2 总辐射估算模型

太阳总辐射是直接辐射和散射辐射的总和。在地表辐射交换中,是辐射能量的收入部分,对地表辐射平衡、地气能量交换以及各地天气气候的形成具有决定性意义。因此,研究太阳总辐射的基本气候特征及其分布规律是气候学的重要任务之一。在晴空的条件下,太阳总辐射的变化取决于所有影响直接辐射的因子,主要是太阳高度和大气透明度以及与其有关的其他间接因子。大气透明度对太阳总辐射的两个分量直接辐射和散射辐射具有相反的作用。云对太阳总辐射的影响也具有两重性,它一方面使直接辐射减小,而另一方面又使散射辐射增大。只因在一般情况下太阳直接辐射在总辐射中所占比例较大,所以总的来说总辐射随总云量的增多仍然是减小的。

国内外关于太阳总辐射的计算方法研究较多,而且讨论的也较充分。相关的研究进展介绍详见本章 2.1 节。

水平面太阳总辐射的大小主要取决于天文辐射和大气对太阳辐射的透射率,由于大气辐射传输模型的输入参数中包含大气气溶胶含量、大气可降水量和云量等变量,这些变量很难获得,所以限制了推广应用。经验模型由于其物理意义明确;计算简单,利于推广;计算结果精度较高等优点成为目前为止最成熟、应用最广泛的方法,使更多的地区估算辐射量成为可能。

大量的研究表明:大气透射率 k_t (clearness index, $k_t = \dfrac{Q_t}{Q_0}$,为水平面太阳总辐射 Q_t 与水平面天文辐射 Q_0 之比(Liu et al, 1960))与日照百分率 s (即为实际日照时数 S 和可照时数 S_0 的百分比)存在密切的关系(Rahoma, 2001; Elagib et al, 1999):

$$k_t = a_0 + b_0 \cdot s \quad 或 \quad Q_t = Q_0(a_0 + b_0 \cdot s) \qquad (2.26)$$

其中,a_0、b_0 为经验系数;Q_0 为水平面月天文辐射。

(2.26)式反映了大气物理因子和气象因子(云)等对到达地面太阳总辐射的消减规律。其物理意义为:在全阴天,当 $s = 0$ 时,$Q_t \to Q_0 a_0$,入射到地表的 Q_t 达最小值;在全晴天,当 $s \to 1$ 时,$Q_t \to Q_0(a_0 + b_0)$,入射到地表的 Q_t 达最大值。a_0、b_0 是与地形没有直接关系的大气参数,主要与各地的气候特征和大气透明度等因素有关。模式中的经验系数需要用长期的辐射观测资料用统计方法确定,经验性很强,同时经验系数随空间和时间的不同而变化,存在着模式中经验系数的稳定性和时间和空间扩展问题。

鉴于此考虑,利用具有 Q_t 观测资料拟合建模时,除考虑了模式经验系数随时间变化外,还考虑了其空间变化。根据不同的数据集群程度,分别建立下列总辐射估算模式,来分析经验系数随时间、地点的变化特性,探讨模型系数的时空稳定性:

(1)单站分月模式:将单个日射站同一月份的总辐射 Q_t 数据集作为一个样本,分别建立各日射站各月总辐射与日照百分率之间的估算模式(模型数量:$14 \times 12 = 168$);

(2)单站全年模式:将各日射站全年所有天的总辐射 Q_t 数据集作为一个样本,建立各日射站总辐射与日照百分率之间的估算模式(模型数量:14);

(3)统一分月模式:将所有日射站相同月份的日总辐射 Q_t 数据集作为一个样本,分别建立各月总辐射与日照百分率之间的估算模式(模型数量:12);

(4)统一模式:将所有日射站所有月份的总辐射 Q_t 数据作为一个样本,建立各区域统一的总辐射与日照百分率之间的估算模式(模型数量:1)。

(2.26)式中水平面上的月天文辐射量 Q_0($MJ \cdot m^{-2}$)的计算方法:

水平面上每日获得的天文辐射量就是从日出到日落时间的积分,即

$$Q_0 = \frac{T}{2\pi}\left(\frac{1}{\rho}\right)^2 I_0 \int_{-\omega_0}^{\omega_0} (\sin\varphi\sin\delta + \cos\varphi\cos\delta\cos\omega)\,d\omega \qquad (2.27)$$

$\pm \omega_0$ 为海平面上日出、日没的时角。T 表示一天的时间长度,对应 24 小时(注:其单位的选取应与 I_0 相对应,如:$I_0 = 0.0820\ MJ \cdot m^{-2} \cdot min^{-1}$,则 $T = 1440\ min$)。

在求日总量时,I_0、T、ρ、φ、δ 都可看作为常量。采用理论公式计算(左大康等,1991)可得:

$$Q_0 = \frac{T}{\pi}\left(\frac{1}{\rho}\right)^2 I_0 (\omega_0\sin\varphi\sin\delta + \cos\varphi\cos\delta\sin\omega_0) \qquad (2.28)$$

其中,I_0 为太阳常数,世界气象组织(WMO)所采用的世界日射计参考标尺(WRR)对 1969—1980 年间高空观测的结果,得出太阳常数的数值为:

$$I_0 = 1367\ W \cdot m^{-2} = 1.96\ cal \cdot cm^{-2} \cdot min^{-1}$$
$$= 4921 kJ \cdot m^{-2} \cdot h^{-1} = 0.0820\ MJ \cdot m^{-2} \cdot min^{-1}$$

日地距离订正系数根据左大康等(左大康,1990)给出的计算式计算:

$$\left(\frac{1}{\rho}\right)^2 = 1.000109 + 0.033494\cos\tau + 0.001472\sin\tau + 0.000768\cos2\tau + 0.000079\sin2\tau$$
$$(2.29)$$

将计算的日天文辐射量累加,即可获得水平面月天文辐射量。

2.4.3　模型系数时空分布稳定性和模型误差指标的时空分布特征

按照(2.26)式,分别建立不同数据集群方案下的总辐射和日照百分率之间的

经验关系式,并计算了各种模式的误差。各类模式的统计分析指标见表2.1。

表 2.1 水平面总辐射 Q_t 估算模式统计分析表

模式名称	模型数量	R^2	平均绝对误差 $(MJ \cdot m^{-2} \cdot d^{-1})$	平均相对误差绝对值(%)
统一模式	1	0.8664	0.95	7.69
分月模式(平均)	12	0.8555	0.92	7.52
单站全年模式(平均)	14	0.7270	0.79	6.39
单站分月模式(平均)	168	0.6756	0.73	5.87

注:样本总长度为3654。

统一模式没有考虑模型中经验系数随时间、空间的变化,它的模型系数的稳定性最高,但模型的误差也是最大的。单站分月模式既考虑了模型中经验系数随时间的变化,又考虑了模型系数随空间的变化,模型精度最高,但是模型系数的稳定性最差。甚至有些模型的经验系数失去了物理意义。表2.2为在95%置信度下,各类模式 a_0、b_0 经验系数的置信区间,也反映出单站分月模式的经验系数是最不稳定的。

表 2.2 95%置信度下水平面总辐射 Q_t 估算模式经验系数的置信区间

模式名称	模型数量	a_0	b_0
统一模式	1	0.1547~0.1464	0.6172~0.6017
分月模式(平均)	12	0.1690~0.1396	0.6302~0.5752
单站全年模式(平均)	14	0.2194~0.1453	0.5931~0.4989
单站分月模式(平均)	168	0.2971~0.0940	0.7023~0.3310

分析表2.1中各类模式(各行)之间的区别:分月模式与统一模式、单站分月模式与单站全年模式的根本差别均在于前者考虑了模式中经验系数的时间变化,后者没有考虑模式中经验系数的时间变化;单站分月模式与分月模式、单站全年模式与统一模式的根本差别均在于前者考虑了模式中经验系数的空间变化,后者没有考虑模式中经验系数的空间变化。考虑模式中经验系数的空间变化,将使 Q_t 的估算精度(MARBE)提高 1.35%~1.65%;考虑模式中经验系数的时间变化,可以使 Q_t 的估算精度(MARBE)提高 0.17%~0.52%。虽然全面考虑模式中经验系数的空间和时间变化的单站分月模式在统计上估算精度最高,但由于单站分月模式在建模时所用的样本数量较少,模型经验系数的稳定性不高。综合以上分析,最终选用单站全年模式估算 Q_t。表2.3为14个日射站单站全年模式的经验系数。

表 2.3 **14 个日射站单站全年模式水平面总辐射 Q_t 拟合经验系数**

台站号	台站名	a_0	b_0
53463	呼和浩特	0.1091	0.7101
53487	大同	0.2155	0.5342
53543	东胜	0.2071	0.5160
53614	银川	0.2362	0.5097
53772	太原	0.1742	0.5664
53817	固原	0.1661	0.5794
53845	延安	0.1924	0.4523
53963	侯马	0.1896	0.5011
56196	绵阳	0.1589	0.6148
57006	天水	0.1921	0.6397
57036	西安	0.2124	0.4647
57178	南阳	0.1766	0.5060
57245	安康	0.1893	0.4731
57461	宜昌	0.1336	0.5768

由于单站全年模式考虑了拟合模型中经验系数的空间变化,使用 Inverse Distance Weight 插值法将 14 个太阳总辐射观测站拟合获得的经验系数内插,生成陕西省水平面总辐射 100 m×100 m 分辨率的拟合经验系数 a、b 空间分布图,并根据此图,提取出 124 个常规气象站水平面总辐射拟合所需要的经验系数 a、b 值。应用式(2.26)只需要日照百分率观测资料即可估算水平面总辐射和大气透射率。

考虑到影响内插精度的主要因素是参加内插的站点密度及其空间分布,为了在增加内插站点总数的同时,又保证数据精度,在内插过程中,综合利用了 2 种数据集的资料,即:

(1)日射站观测数据集:具有总辐射观测资料的日射站 k_t 观测数据,无估算误差;

(2)常规气象站估算数据集:利用常规气象站日照百分率资料,根据公式(2.26)拟合的 k_t 估算数据。

2.4.4　气候平均月大气透射率的空间分布

利用以上方案,分别计算了陕西省各月气候平均月大气透射率的空间分布。图 2.3 分别给出了 1 月、4 月、7 月、10 月陕西省气候平均月大气透射率的空间分布图。从图中可以看出,陕西大气透射率总体上呈现出由南部低北部高的分布趋势。云量、大气含水量等因素对大气透射率影响显著,陕南地处亚热带湿润季风气候区,水汽充沛,是各月大气透射率的低值中心,陕北地处温带半干旱季风气候区,气候干燥,可获得的水汽量较少,是各月大气透射率的高值区。

寒冷的冬季(1 月、12 月)的平均大气透射率最高,最高值为 0.57,最小值为 0.30,冬季大气透射率的空间差异(最大值与最小值之差)最大,1 月份达到 0.27。这主要由于全省冬季气候以秦岭为界,南北差异明显,南部地处亚热带湿润季风气候区,大气中水汽含量丰富,云量多;北部属温带半干旱季风气候区,大气中水汽含量少,云量少。

多雨的夏季(7 月、8 月)虽然平均大气透射率的最高值下降到 0.52(主要是陕北的大气透射率下降),处于全年的最低,但是大气透射率的最小值却增加到 0.38 和 0.40(主要是陕南的透射率在增加),因此夏季大气透射率的空间差异最小,7 月份为 0.14,8 月份为 0.12。全省夏季平均大气透射率也较高。

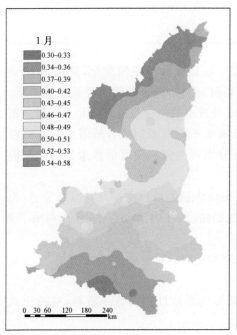

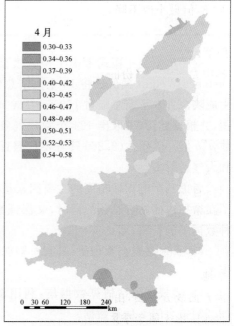

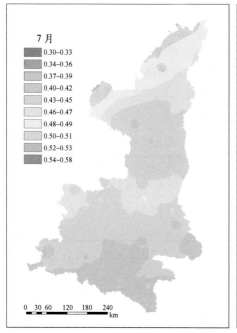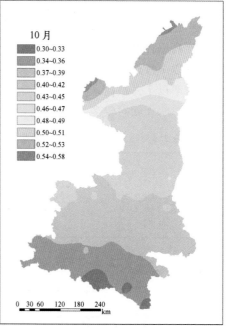

图 2.3　陕西省 1 月、4 月、7 月、10 月气候平均大气透射率空间分布图

　　春季平均大气透射率的空间差异仅次于夏季,最高值和夏季差异不大,为 0.53,但最小值下降到 0.30～0.34,陕南地区的大气透射率比夏季低。

　　秋季随着陕北雨季的减少,大气透射率的增加,陕南透射率的减少,大气透射率的空间分布差异大于春季,最大值为 0.53～0.55,最小值为 0.31～0.32;其中尤其以 9 月份的平均大气透射率最小。

　　各月的大气透射率 k_t 特征统计详见表 2.4。

表 2.4　陕西省 1—12 月气候平均大气透射率 k_t 特征统计

月份	1 月	2 月	3 月	4 月	5 月	6 月	7 月	8 月	9 月	10 月	11 月	12 月
最大值	0.57	0.55	0.53	0.53	0.53	0.53	0.52	0.52	0.53	0.55	0.57	0.58
最小值	0.30	0.30	0.30	0.34	0.34	0.35	0.38	0.40	0.32	0.31	0.31	0.30
平均值	0.45	0.43	0.41	0.43	0.44	0.44	0.44	0.45	0.40	0.42	0.44	0.45

　　由以上分析表明随着季节的变化和季风气候背景的影响,陕北、关中和陕南地区呈现出不同的特征(表 2.5),图 2.4 是陕北、关中和陕南代表站大气透射率 k_t 曲线分布图,由图可见,大气透射率以陕北最高,西安次之,陕南最低。陕北地区由于属于季风边缘区,秋冬季空气寒冷而干洁,大气中的水汽和气溶胶含量少,雨季以夏季为主,大气中的水汽含量增加,春季由于天气条件所引起的

浮尘、扬沙等天气现象的出现,严重地影响大气透射率,所以陕北大气透射率以1月最高,10月次之,4月再次之,7月的透射率最低。关中地区属于季风区,冬季受冷高压控制,空气寒冷而干洁,水汽含量少,秋季受华西秋雨的影响,大气透射率以1月最高,7月次之,4月再次之,而10月的透射率最低。而陕南的大气透射率以7月最高,4月次之,10月再次之,而1月的大气透射率最低。这与陕南夏季晴天相对较多,对流较强,冬季水汽充足,云量多有关。

表 2.5 陕北、关中和陕南代表站 1—12 月气候平均大气透射率 k_t 特征统计

月份	1月	2月	3月	4月	5月	6月	7月	8月	9月	10月	11月	12月
榆林	0.52	0.51	0.50	0.50	0.51	0.50	0.49	0.49	0.50	0.52	0.52	0.52
西安	0.39	0.39	0.38	0.40	0.41	0.43	0.43	0.45	0.39	0.38	0.38	0.38
汉中	0.35	0.34	0.35	0.39	0.40	0.41	0.43	0.46	0.36	0.35	0.33	0.34

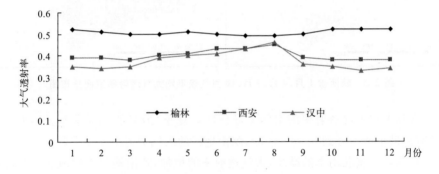

图 2.4 陕北、关中和陕南代表站大气透射率 k_t 曲线分布图

2.4.5 水平面总辐射空间分布

利用以上模型及方案,分别计算了陕西省各月气候平均月总辐射量的空间分布。图 2.5 和图 2.6 分别给出了年及四季陕西省气候平均总辐射量的空间分布图。

由于受季风气候和纬度等因素的影响,陕西水平面上总辐射的分布,呈现出由北到南逐渐减少的特点。纬度影响表现非常明显。陕西年太阳总辐射量为 3800~5730 MJ·m^{-2},高值区位于陕北长城沿线一带及渭北东部,最大值达到 5700 MJ·m^{-2} 以上,秦岭南部大巴山区由于全年云量最多成为稳定的低值中心。陕北北部长城沿线年太阳总辐射为 5300~5730 MJ·m^{-2},陕北南部榆林地区为 5000~5300 MJ·m^{-2},延安地区为 4700~5000 MJ·m^{-2};关中东部为 4800~5000 MJ·m^{-2},关中西部为 4600~4900 MJ·m^{-2};陕南汉中北部、安康北部、商洛为 4200~4500 MJ·m^{-2},汉中南部、安康南部为 3800~4200 MJ·m^{-2}。

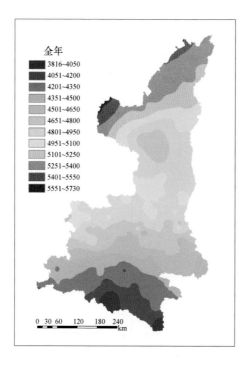

图 2.5 陕西水平面年平均总辐射空间分布图（MJ·m⁻²）

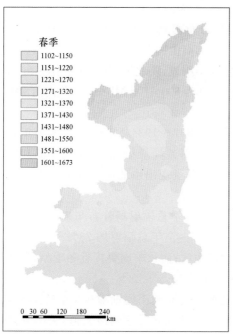

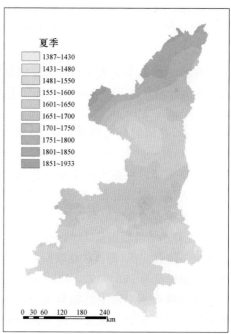

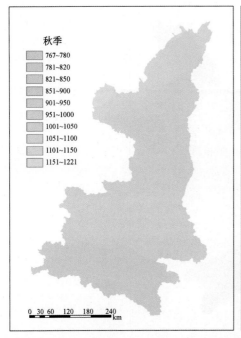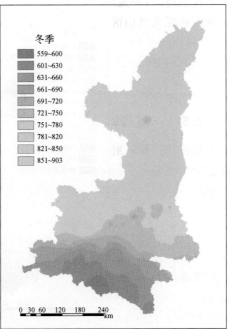

图 2.6　陕西水平面四季总辐射空间分布图(MJ·m⁻²)

冬季,全省总辐射量为 550~886 MJ·m⁻²,为四季中最少的季节,仅占全年的 11%~19%。总辐射分布格局总体上与年分布相似,亦呈现出由北向南逐渐减小的趋势,但在秦岭北部呈现出西高东低的形式,高值区在陕北西部定边,低值区在陕南南部。但是,冬季关中和陕北总辐射差异不明显,陕北为 750~900 MJ·m⁻²,关中大部分地方为 700~850 MJ·m⁻²,陕南北部为 600~700 MJ·m⁻²,陕南南部山区为 550~600 MJ·m⁻²。

夏季,总辐射量为四季之最,总辐射量为 1387~1934 MJ·m⁻²,占全年总辐射的 30%~39%;夏季由于各纬度间天文辐射差异最小,所以大气环流和地形影响更重要。在强大的夏季风作用下,总辐射呈现出由北向南逐渐减小的趋势。最大值在陕北北部,低值区在陕南南部山区。

春秋季节的总辐射分布属于过渡型。其中春季总辐射场分布与夏季比较相似,全省春季年总辐射量 1102~1673 MJ·m⁻²,占全年总辐射的 23%~34%,高值区位于陕北北部,低值区在陕南南部的大巴山区;而秋季则更接近冬季型,秋季全省总辐射量为 768~1220 MJ·m⁻²,占全年的 17%~23%。

各月陕西水平面上总辐射的分布亦呈现出由北到南逐渐减少的特点,纬度影响表现非常明显。陕北年内太阳总辐射在 5 月或 6 月达到最大值;关中和陕南地区的年内太阳总辐射在 7 月最大;从空间上来看,太阳总辐射的分布存在两个高值地区,一是陕北北部,二是渭北东部。各月太阳总辐射的低值中心均在陕南南部大巴山区。

2.5 水平面直接辐射估算模型

2.5.1 直接辐射估算模型

直接辐射是入射到地球表面太阳总辐射的重要分量,与太阳总辐射之间存在着密切的关系(Louche et al,1991;Vignola and McDaniels,1986)。水平面直接辐射的大小,主要取决于天文辐射和大气对太阳直接辐射消减程度。关于太阳直接辐射的计算问题,由于它的实际应用不及总辐射广泛,总的来说研究不算多。直接辐射的计算方法大致可分为两类:一类是间接计算方法,另一类是直接计算方法。这些模型都有一定的精度,有的结构简单,使用比较方便;有的则考虑因子较多;有的注意经验系数的参数化问题。但也存在某些不足,主要是缺乏对计算式的理论基础及其结构的合理性问题的论证,使得计算式的经验色彩较浓,以致某些综合因子的物理意义不大明确(翁笃鸣,1997)。

在太阳直接辐射的间接计算方法中比较著名的是沙维诺夫(CaBHHOB,1954)提出的计算式:

$$\sum S' = \sum S_0' \frac{1}{2}(s_1 + 1 - n) \tag{2.30}$$

式中,$\sum S'$、$\sum S_0'$分别为实际和可能太阳直接辐射月总量,n是平均总云量,s_1为日照百分率。

翁笃鸣(1964)针对我国的具体情况提出直接辐射计算式:

$$S' = S_0(as_1 + bs_1^2) \tag{2.31}$$

式中,S'、S_0分别为直接辐射和天文辐射的月平均日总量或平均通量密度,a、b为经验系数。

考虑到日照百分率为 0 时,尚有部分直接辐射透过中、高云而到达地面的可能性,高国栋、陆渝蓉(1981)得到另外形式的太阳直接辐射计算式:

$$S' = a + bS_0s_1 \tag{2.32}$$

并按冬、夏两半年分别确定各站系数值。空间推广时可利用事先绘制的a、b等值线图内插得到。

翁笃鸣分析全国 16 站累年平均相对直接辐射与日照百分率的散点图发现它们表现出很好的抛物线关系。我们对日射站辐射资料的分析表明:直接分量f_b(direct fraction,$f_b = \dfrac{Q_b}{Q_t}$,为水平面直接辐射Q_b与水平面太阳总辐射Q_t之

比)与日照百分率 s 之间存在明显的非线性关系。据此,我们构造如下函数模拟水平面直接辐射:

$$f_b = (1-a)\left(1-\exp\left[\frac{-bs^c}{(1-s)}\right]\right) \text{ 或 } Q_b = Q_t(1-a)\left(1-\exp\left[\frac{-bs^c}{(1-s)}\right]\right)$$

$$(2.33)$$

其中,a、b、c 为经验系数。

(2.33)式反映了大气物理因子和气象因子(云)等对到达地面太阳直接辐射的消减规律。它有明确的物理意义:在全阴天,当 $s=0$ 时,$Q_b=0$,入射到地表的直接辐射 Q_b 达最小值;在全晴天,当 $s \to 1$ 时,$Q_b = Q_t(1-a)$,入射到地表的 Q_t 达最大值。

2.5.2　模型系数时空分布稳定性和模型误差指标的时空分布特征

模式中的经验系数也需要通过实测资料来确定。由于具有直接辐射 Q_b 观测资料的气象站比较少,所以采用将所有气象站 Q_b 观测数据集群的方式来建模。分别建立统一模式和分月模式来考虑模式经验系数随时间的变化特性,探讨模型系数的时间稳定性:

(1)分月模式:将所有日射站同月份的直接辐射数据集作为一个样本,分别建立各月直接辐射与日照百分率之间的估算模式;

(2)统一模式:将所有日射站所有的直接分量数据作为一个样本,建立统一的直接辐射与日照百分率之间的估算模式。

表 2.6 列出了不同数据集群方案下,Q_b 估算结果及统计分析指标。通过比较,表明分月模式考虑了经验系数的时间变化,Q_b 的估算精度较高。因此,我们采用分月模式进行估算。表 2.7 列出了分月模式经验系数。

表 2.6　水平面直接辐射 Q_b 和直接分量估算模式统计分析表

模式名称	模型数量	R^2	MABE(MJ·m⁻²·d⁻¹)	MARBE(%)
统一模式	1	0.7923	0.68	10.95
分月模式(平均)	12	0.7789	0.58	9.76

注:样本总长度为 2138。

表 2.7　水平面直接辐射和直接分量分月模式经验系数

月份	R^2	a	b	c	样本长度
1	0.87992	0.337885	0.842213	0.464281	213
2	0.85532	0.325688	0.784387	0.421685	213
3	0.80571	0.360806	0.837529	0.454218	213
4	0.70859	0.399881	0.961688	0.458021	213

月份	R^2	a	b	c	样本长度
5	0.69591	0.375168	0.903857	0.291342	213
6	0.79808	0.340627	1.09331	0.545899	212
7	0.70837	0.323246	1.032748	0.468004	211
8	0.70021	0.29864	0.909346	0.407629	210
9	0.76545	0.294636	0.912367	0.381488	210
10	0.85884	0.29505	0.885336	0.419779	208
11	0.85628	0.342651	0.980664	0.454893	208
12	0.87465	0.327365	0.776681	0.370475	208

表 2.8 为使用模式(2.33)估算 Q_b 的各月的模型估算误差。各月平均相对误差绝对值为 9.76%,其中 7 月份的估算精度最高,达到 8.01%。这表明所建立的模型计算结果可靠,计算精度高,可以很好地满足实际应用的需要。

表 2.8　各月水平面直接辐射模型的估算误差

月份	1月	2月	3月	4月	5月	6月	7月	8月	9月	10月	11月	12月
MABE ($MJ \cdot m^{-2} \cdot d^{-1}$)	0.33	0.47	0.64	0.75	0.76	0.77	0.74	0.78	0.65	0.47	0.35	0.30
MARBE(%)	9.47	10.6	11.9	10.68	9.10	8.08	8.01	8.77	11.4	9.90	9.01	10.16

2.5.3　气候平均月直接分量的空间分布

根据以上方案,利用气象站观测资料,可以获得陕西省 1960—2006 年各气象站各月水平面直接分量 f_b 的估算结果。采用内插方法即可获得陕西省 100 m×100 m 分辨率的太阳直接分量的空间分布。

直接分量综合反映了直接辐射量占水平面总辐射的比值,在诸多影响太阳直接辐射的因素中,云和日照百分率起着主导作用。图 2.7 给出了 1 月、4 月、7 月、10 月陕西省气候平均月直接分量的空间分布图。陕西直接分量亦呈现出南部低北部高的分布趋势,陕南由于水汽充足,云量多,降水多,直接透射率较低,一直是各月气候平均直接分量的低值区,陕北北部由于气候干燥,可获得的水汽量较少,降水稀少,因而保持较高的直接透射率,是各月月直接分量高值区。

1 月,陕西省月直接分量最高值为 0.61,最小值为 0.28,最高值和最低值之差可分别达到 0.33,空间分布差异最大。这主要由于全省冬季气候以秦岭为界,南北差异明显,南部地处亚热带湿润季风气候区,大气中水汽含量丰富,云

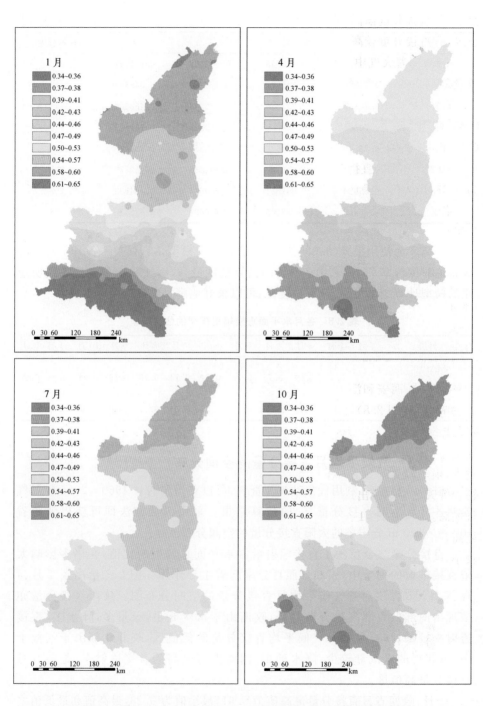

图 2.7　陕西省 1 月、4 月、7 月、10 月气候平均直接分量空间分布图

量多,月直接分量偏低;北部属温带半干旱季风气候区,大气中水汽含量少,云量少,月直接分量较高。1月陕南的直接分量达到最小。

4月,随着大气中水汽含量增加,云量增多,月直接分量要比冬季低,月直接分量最高值为 0.53,最小值为 0.34,空间差值为 0.19,空间差异变小。

7月,全省南北气候差异明显减少,月直接分量最大值为 0.60,最小值为 0.45,最高值和最低值之差分别是 0.15,月直接分量的空间差异最小。尤其是陕南和关中的直接分量的差异不明显,全省的直接分量达到最大。

10月,陕北的直接分量达到最大,平均月直接分量最高值为 0.65,最小值为 0.33,最高值和最低值之差为 0.32,月直接分量的空间差异开始增大。

各地直接分量的年变化,主要受大气环流条件的季节变化和季风气候背景的影响,陕北、关中和陕南地区的直接分量也呈现出不同的特征(表 2.9)。

表 2.9　榆林、西安和汉中直接分量各月特征值

月份	1月	2月	3月	4月	5月	6月	7月	8月	9月	10月	11月	12月
榆林	0.59	0.58	0.53	0.52	0.56	0.60	0.59	0.59	0.61	0.63	0.61	0.58
西安	0.38	0.38	0.36	0.39	0.44	0.50	0.51	0.53	0.45	0.42	0.41	0.38
汉中	0.33	0.33	0.33	0.39	0.43	0.46	0.50	0.53	0.42	0.38	0.35	0.33

以榆林、西安和汉中站分别代表陕北、关中和陕南的直接分量,提取其 1—12 月特征值(图 2.8),由图可见,各月直接分量榆林最高,西安次之,汉中最低。陕北地区直接分量以 10 月最高,1 月次之,7 月再次之,4 月的直接分量最低。这主要是云和雨季对直接分量的影响。由于该地区秋季气候干燥,大气中的云量少,雨季以夏季为主,大气中的云量增加,春季由于天气条件所引起的浮尘、扬沙等天气现象的出现,严重的影响直接分量的比重。关中地区直接分量以 7 月最高,10 月次之,1 月再次之,4 月的直接分量最低。陕南的直接分量以 7 月最高,10 月次之,4 月再次之,而 1 月最低。这与陕南夏季晴天相对较多,云量较小,冬季水汽充足,云量多有关。

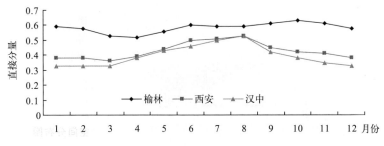

图 2.8　陕北、关中和陕南代表站直接分量曲线图

2.5.4 水平面直接辐射空间分布

根据上述方案及气象站观测资料,可以获得陕西省 1960—2006 年各气象站各月水平面直接辐射 Q_b 的估算结果,采用内插方法即可获得陕西省 100 m×100 m 分辨率的太阳直接辐射空间分布。考虑到影响内插精度的主要因素是参加内插的站点密度及其空间分布,为了在增加内插站点总数的同时,又保证数据精度,在内插过程中,综合利用了 3 种数据集的资料,即:

(1)日射站观测数据集:具有直接辐射观测资料的日射站 Q_b 观测数据,无估算误差;

(2)没有 Q_b 观测资料但具有总辐射 Q_t 观测资料的气象站,利用模式 (2.33)估算 Q_b;

(3)常规气象站估算数据集:利用常规气象站日照百分率资料,先根据模式 (2.26)拟合总辐射 Q_t,然后再根据模式(2.33)估算 Q_b。

全省年太阳直接辐射介于 1417~3354 MJ·m^{-2} 之间,其中陕北长城沿线一带地区太阳直接辐射最强,陕南南部山区最弱,全省呈从北向南依次递减的纬向型分布特征(图 2.9)。陕西省的直接辐射分布,除与所处地理纬度有关外,还受季风气候的重大影响。在陕北北部,属于温带半干旱季风气候区,这些地区气候干

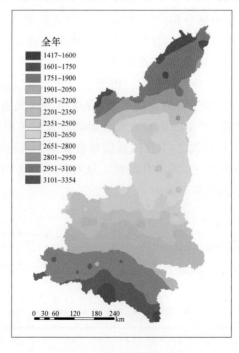

全年

■	1417~1600
■	1601~1750
■	1751~1900
	1901~2050
	2051~2200
	2201~2350
	2351~2500
	2501~2650
	2651~2800
	2801~2950
	2951~3100
■	3101~3354

0 30 60 120 180 240 km

图 2.9 陕西省水平面年直接辐射量分布图(单位:MJ·m^{-2})

燥,海拔高度较高,水汽较少,云量也较少,空气比较干洁,是陕西省直接辐射的高值中心,中心最大值超过 3100 MJ·m^{-2};低值区分布在秦岭的南部,最低值小于 1500 MJ·m^{-2}。陕北区域年直接辐射量资源最丰富,在 2300~3354 MJ·m^{-2};关中区域年直接辐射量次之,在 2000~2800 MJ·m^{-2};陕南区域的年直接辐射量最小,在 1400~2000 MJ·m^{-2}。陕北北部长城沿线年直接辐射 3000~3354 MJ·m^{-2},陕北南部榆林地区 2800~3000 MJ·m^{-2},延安地区为 2800~2400 MJ·m^{-2};关中东部 2200~2800 MJ·m^{-2},关中西部 2200~2600 MJ·m^{-2};陕南汉中北部、安康北部、商洛 2200~1900 MJ·m^{-2},汉中南部、安康南部 1400~1900 MJ·m^{-2}。陕西南部地处亚热带湿润季风气候区,温暖湿润,水汽充沛,云量较多,降水量丰富,因此直接辐射量偏小。

　　各季的太阳直接辐射分布,总体上与年分布一致,但因大气环流条件的季节差异而有所变动。

　　冬季(图 2.10),全省的太阳直接辐射日总量普遍降到全年最小,冬季直接辐射量为 160~550 MJ·m^{-2}。但高低中心配置与全年平均形势一致,太阳直接辐射最小值均出现在陕南南部山区,其值一般在 200 MJ·m^{-2}左右,陕北长城沿线最大值为 550 MJ·m^{-2}。

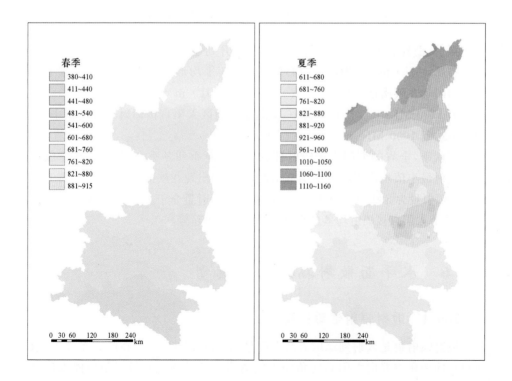

春季
380~410
411~440
441~480
481~540
541~600
601~680
681~760
761~820
821~880
881~915

0　30　60　120　180　240
km

夏季
611~680
681~760
761~820
821~880
881~920
921~960
961~1000
1010~1050
1060~1100
1110~1160

0　30　60　120　180　240
km

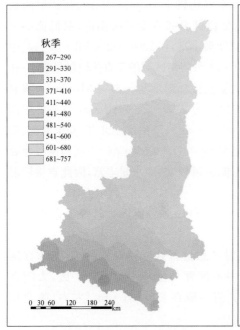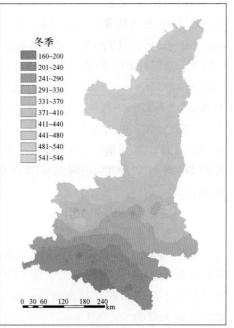

秋季

	267~290
	291~330
	331~370
	371~410
	411~440
	441~480
	481~540
	541~600
	601~680
	681~757

冬季

	160~200
	201~240
	241~290
	291~330
	331~370
	371~410
	411~440
	441~480
	481~540
	541~546

图 2.10　陕西省水平面四季直接辐射分布图(单位:MJ·m^{-2})

　　夏季,全省的太阳直接辐射日总量普遍升到全年最大,夏季直接辐射量为
611～1160 MJ·m^{-2}。但高低中心配置与全年平均形势一致,太阳直接辐射最
小值均出现在陕南南部山区,其值一般在 700 MJ·m^{-2} 上下,陕北长城沿线最
大值为 1100 MJ·m^{-2} 左右。其中,渭北东部地区太阳直接辐射是次高值中心,
中心值达到 1000 MJ·m^{-2}。

　　春秋季,全省的太阳直接辐射日总量介于夏季和冬季之间,全省各季太阳
直接辐射最小值均出现在陕南南部山区,最大值出现在陕北北部。其中:春季太
阳直接辐射量为 380～915 MJ·m^{-2},秋季直接辐射量介于 267～760 MJ·m^{-2} 之
间;各季节太阳直接辐射均呈自北向南逐渐递减的趋势。

2.6　水平面散射辐射估算模型

2.6.1　散射辐射估算模型

　　散射辐射也是入射到地球表面太阳总辐射的重要分量。在晴空条件下,散
射辐射的变化主要由太阳高度角和大气透明度条件决定。散射辐射随太阳高
度角的增加而增大。海拔高度越低,大气对散射辐射的影响越大,太阳高度的

作用越明显。云对散射辐射的影响很大,云体中所含大量的水滴、冰晶是引起太阳散射辐射的重要物质。所以,随着云的出现和云量的增多,散射辐射也相应地发生变化,不同云状云量的影响可能使散射辐射特征复杂化。

和直接辐射的原因一样,国内外对散射辐射的估算方法研究也不是很多。在国外,沙维诺夫在 20 世纪 30 年代最先提出散射辐射的计算式,经过不断的修改,最终给出更一般的计算式:

$$D = D_0(1-n) + kn(S'_0 + D_0) \tag{2.34}$$

式中,D、D_0 分别是散射辐射和晴空散射辐射。k 为经验系数,表示因云的遮蔽而削弱的太阳辐射量中以散射辐射形式投射到水平地面的部分。式中右边第一部分为无云天空的散射辐射,第二部分便是有云天空的散射辐射。该式的物理意义比较明确,考虑到了晴空散射辐射的存在。

Liu 和 Jordon 认为散射辐射和总辐射的比值和总辐射与天文辐射的比值密切相关,提出经验计算式:

$$\frac{D}{Q} = a_0 + a_1 \frac{Q}{S_0} + a_2 \left(\frac{Q}{S_0}\right)^2 + a_3 \left(\frac{Q}{S_0}\right)^3 \tag{2.35}$$

式中,Q、S_0 分别为总辐射和天文辐射,a_0、a_1、a_2 和 a_3 为经验系数。

鉴于上述计算式均需有总辐射实测资料才能使用,否则需要先间接地通过其他总辐射计算式求出总辐射,然后才能算出散射辐射。这就给计算结果带来双重误差。使它们在各地的推广使用受到限制。Iqbal 提出建立散射辐射与总辐射的比值与日照百分率的关系:

$$\frac{D}{S_0} = a' + b's_1 + c's_1^2 \tag{2.36}$$

式中,a'、b' 和 c' 为经验系数。

由于式(2.36)只使用一个日照百分率,在其应用上表现出一定的优越性。

上面已经指出,到达地面的太阳散射辐射,在晴天主要取决于太阳高度和大气透明状况,有云时则需要考虑云的重要作用。对日射站辐射资料的分析表明:散射分量 f_d (diffuse fraction,$f_d = \dfrac{Q_d}{Q_t}$,为水平面散射辐射 Q_d 与水平面太阳总辐射 Q_t 之比)与日照百分率 s 之间也存在明显的非线性关系,据此,构造如下函数模拟水平面散射辐射:

$$f_d = a_2 + (1-a_2)\exp\left[\frac{-b_2 s^{c_2}}{(1-s)}\right] \text{ 或 } Q_d = Q_t\left(a_2 + (1-a_2)\exp\left[\frac{-b_2 s^{c_2}}{(1-s)}\right]\right) \tag{2.37}$$

模式(2.37)中的经验系数 a_2、b_2 和 c_2 需用实测资料来确定。由于具有散射辐射 Q_d 观测资料的气象站比较少,所以采用将所有气象站 Q_d 观测数据集群的方式来建模。分别建立统一模式和分月模式来考虑模式经验系数随时间的变

化特性,探讨模型系数的时间稳定性:

(1)分月模式:将所有日射站同月份的散射辐射数据集作为一个样本,分别建立各月散射辐射与日照百分率之间的估算模式;

(2)统一模式:将所有日射站所有的散射辐射数据作为一个样本,建立统一的散射辐射与日照百分率之间的估算模式。

2.6.2 模型系数的时空分布稳定性和模型误差指标的时空分布特征

表 2.10 列出了不同数据集群方案下,Q_d 估算结果及统计分析指标。通过比较,表明分月模式考虑了经验系数的时间变化,Q_d 的估算精度较高。因此,我们采用分月模式进行估算。散射辐射分月模式经验系数见表 2.10。

表 2.10　水平面散射辐射 Q_d 估算模式统计分析表

模式名称	模型数量	R^2	MABE(MJ·m^{-2}·d^{-1})	MARBE(%)
统一模式	1	0.7864	0.68	10.39
分月模式(平均)	12	0.7744	0.59	9.04

水平面上的各月网格点上太阳总辐射 Q_t 空间分布由 2.4 节获得,应用模式(2.37)只需利用日照百分率观测资料即可估算 Q_d。

表 2.11 为使用式(2.37)估算 Q_d 的各月的模型估算误差。各月平均相对误差绝对值均不超过 11%,其中 12 月份的模型估算精度最高,达到 8.21%。各月平均相对误差绝对值为 9.04%。表明,本文所建立的水平面太阳散射辐射模型计算结果可靠,计算精度高,可以很好地满足实际应用的需要。

表 2.11　水平面各月散射辐射模型估算误差

月份	1月	2月	3月	4月	5月	6月	7月	8月	9月	10月	11月	12月
MABE (MJ·m^{-2}·d^{-1})	0.33	0.47	0.64	0.75	0.77	0.78	0.76	0.79	0.65	0.47	0.35	0.30
MARBE(%)	8.26	9.26	9.12	8.69	8.38	8.61	9.06	10.44	10.43	9.40	8.62	8.21

2.6.3 水平面散射辐射空间分布

根据上述方案,利用气象站观测资料,可以获得陕西省 1960—2006 年各气象站各月水平面散射辐射 Q_d 的估算结果,采用内插方法即可获得陕西省 100 m×100 m 分辨率的太阳散射空间分布。考虑到影响内插精度的主要因素是参加内插的站点密度及其空间分布,为了在增加内插站点总数的同时,又保证数据精度,在内插过程中,综合利用了 3 种数据集的资料,即:

(1)日射站观测数据集:具有散射辐射观测资料的日射站 Q_d 观测数据,无估算误差;

(2)没有 Q_d 观测资料但具有总辐射 Q_t 观测资料的气象站,利用模式(2.37)估算 Q_d;

(3)常规气象站估算数据集:利用常规气象站日照百分率资料,先根据模式(2.26)拟合总辐射 Q_t,然后再根据模式(2.37)估算 Q_d。

全省太阳年散射辐射量为 2201~2792 MJ·m^{-2},其中关中西部一带地区最强,陕北东部地区最弱,呈由东北向西南逐渐增加的趋势(图 2.11)。散射辐射分布除与所处地理纬度有关外,还受季风气候的重大影响。关中平原西部是稳定的高值中心,年散射辐射量在 2500~2800 MJ·m^{-2},这可能是由于西部地区水汽来源少,云量少等因素有关;陕北北部属于温带半干旱季风气候区,气候干燥,海拔高度较高,是陕西省散射辐射的低值中心,年散射辐射量在 2200~2300 MJ·m^{-2};延安地区为 2250~2400 MJ·m^{-2};关中东部 2400~2500 MJ·m^{-2};陕南汉中北部、安康北部、商洛 2400~2500 MJ·m^{-2},汉中南部、安康南部 2300~2400 MJ·m^{-2}。

各季的太阳散射辐射分布,总体上与年分布一致,但因大气环流条件的季节差异而有所变动,全省各季太阳散射辐射最小值均出现在陕北北部山区,最大值出现在关中西部一带。冬季,全省的太阳散射辐射总量普遍降到全年最小,冬季散射辐射量为 325~468 MJ·m^{-2},高低中心配置与全年平均形势一致,最小值出现在陕北北部地区,其值一般在 325~360 MJ·m^{-2} 左右,关中西部沿线最大值为 450 MJ·m^{-2}。夏季,全省的太阳散射辐射日总量普遍升到全年最大,其值在 721~890 MJ·m^{-2} 之间,高低中心配置与全年平均形势一致,散射辐射最小值出现在陕北东北部地区,其值一般在 730 MJ·m^{-2} 上下。春秋季,全省的太阳散射辐射日总量介于夏季和冬季之间。其中:春季太阳散射辐射量为 713~863 MJ·m^{-2},秋季散射辐射量介于 421~572 MJ·m^{-2} 之间(图 2.12)。

全省各月散射辐射的最低值均位于陕南大巴山区,最高值除 8 月在渭北东部之外,其余基本都在陕北北部的长城沿线一带地区;各月散射辐射基本都呈自北向南递减的纬向型分布;除 8 月份外其余各月在渭北东部一带还存在次高值区。

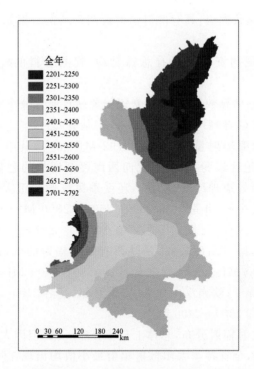

图 2.11　陕西省水平面年散射辐射分布图(单位:MJ·m^{-2})

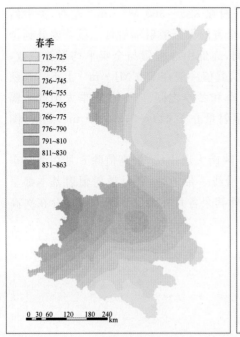

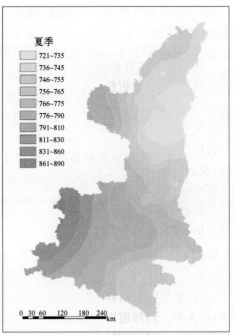

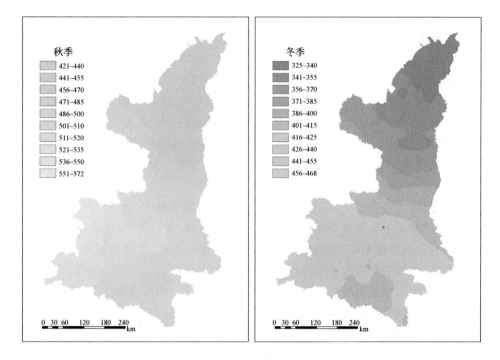

图 2.12　陕西省水平面四季散射辐射分布图（单位：$MJ \cdot m^{-2}$）

2.7　小结

　　在利用观测资料拟合建模时，根据不同的数据集群程度，分别建立下列总辐射估算模式，分析经验系数随时间、地点的变化特性，探讨模型系数的时空稳定性（表 2.1），确定精度较高单站全年模式估算。在国外应用成分分解模式（通过研究大气透射率与其他指数间的关系，来估算直接辐射和散射辐射）来估算直接辐射或散射辐射中，模型输入参数是总辐射，这就要求必须先有总辐射资料，或必须先通过其他途径估算晴空指数或总辐射，这可能会给散射辐射或直接辐射的估算带来双重误差。而在我们估算直接辐射和散射辐射的改进的成分分解模型中模型的输入参数还增加日照百分率，提高了模型的估算精度，直接辐射、散射辐射各月平均相对误差绝对值分别为 9.76％和 9.04％，表明所建立的估算模型计算结果可靠，计算精度高。这对地表时空多变要素的定量空间扩展具有重要意义。本章的研究主要得出以下结论：

　　（1）大气辐射估算模型分为：物理理论模型（参数模型）和统计模型（经验模型）两大类。物理理论模型是根据太阳辐射在大气中的传输过程而建立的辐射估算模型。被用于美国国家太阳辐射数据库建设的 METSTAT Model 具有较高精确度,属于推荐应用的模型。参数模型是应用日照时数和总的云覆盖等资料来估算太阳辐射的模式,分为日照百分率模式、云量模式、成分分解模式等。

(2)采用大气透射率探讨大气物理因子和气象因子对太阳辐射的影响,是充分利用气象站观测资料,解决天空因素对太阳辐射影响的有效手段。

(3)陕西大气透射率、直接分量总体上呈现出南部低北部高的分布趋势。云量、大气含水量等因素对大气透射率影响显著。陕南地处亚热带湿润季风气候区,水汽充沛,是各月大气透射率、直接分量的低值中心,陕北北部属温带半干旱季风气候,气候干燥,大气中水汽含水量少,是各月大气透射率和直接分量的高值区。

(4)陕西大气透射率、直接分量在冬季的空间差异最大,夏季空间分布差异最小,这主要由于全省冬季气候以纬向分布为主,以秦岭为界,南北差异明显,南部地处亚热带湿润季风气候区,大气中水汽含量丰富,北部属温带半干旱季风气候区,大气中水汽含量少;夏季南北差异明显减少。

(5)运用大气透射率与太阳辐射的关系,分别建立太阳总辐射、直接辐射和散射辐射估算模型,分析模型系数的时空分布稳定性和模型误差指标的时空分布特征,并得到全省年及四季的太阳辐射量及其空间分布特征。陕西年太阳总辐射量为 3816～5729 MJ·m^{-2},直接辐射为 1417～3353 MJ·m^{-2},散射辐射量为 2241～2553 MJ·m^{-2}。全省呈从北向南依次递减的纬向型分布特征,高值区位于陕北长城沿线一带及渭北东部,低值区主要分布于陕南西部山区。四季辐射量均以夏季最多,冬季最少,春、秋两季介于其间。从空间上来看,各季节太阳辐射均呈自北向南逐渐递减的趋势。

参考文献

高国栋,陆渝蓉. 1981. 中国地表面辐射平衡和热量平衡[M]. 北京:科学出版社.

孙汉群. 1993. 坡面天文日照和天文辐射的理论研究[D]. 南京:南京大学.

孙治安,施俊荣,翁笃鸣. 1992. 中国太阳总辐射气候计算方法的进一步研究[J]. 南京气象学院学报, **15**(2):21-29.

王炳忠,等. 1980. 我国的太阳能资源及其计算[J]. 太阳能学报,**1**(1):1-9.

翁笃鸣. 1964. 试论总辐射的气候学计算方法[J]. 气象学报,**34**(2):304-315.

翁笃鸣. 1997. 中国辐射气候[M]. 北京:气象出版社.

祝昌汉. 1982a. 再论总辐射的气候学计算方法(一)[J]. 南京气象学院学报, (1):15-24.

祝昌汉. 1982b. 再论总辐射的气候学计算方法(二)[J]. 南京气象学院学报, (2):196-206.

左大康. 1990. 现代地理学词典[M]. 北京:商务印书馆.

左大康,周允华,项月琴,等. 1991. 地球表层辐射研究[M]. 北京:科学出版社.

Ampratwum D B, Dorvlo A S S. 1999. Estimation of solar radiation from the number of sunshine hours[J]. *Applied Energy*,**63**：161-167.

Atwater M A,Ball J T. 1978. A numerical solar radiation model based on standard meteorological observations[J]. *Solar Energy*,**21**：163-170.

Ångström A. 1924. Solar and atmospheric radiation[J]. *Q J R Met Soc*,121-126.

Page J K. 1997. Proposed quality control procedures for the Meteorological Office data tapes relating to global solar radiation, diffuse solar radiation, sunshine and cloud in the UK [R]. Report FCIBSE.

Benson R B, Paris M V, Sherry J E, Justus C G. 1984. Estimation of daily and monthly direct, diffuse and global solar radiation from sunshine duration measurements[J]. *Solar Energy*, **32**：523-535.

Bird R E,Hulstrom R L. 1981. A simplified clear-sky model for the direct and diffuse insolation on horizontal surfaces[M]. US-SERI/TR-642-761, National Renewable Energy Laboratory, Golden, Colorado.

Black J N, Bonython C W, Prescott J A. 1954. Solar radiation and the duration of sunshine [J]. *Q J R Meteorol Soc*,**80**：231-235.

Liu B Y H ,Jordan R C. 1960. The interrelationship and characteristic distribution of direct, diffuse and total solar radiation[J]. *Sol Energy*, **4**(3)：1-19.

Davies J A,Mckay D C. 1984. Evaluation of selected models for estimating solar radiation on horizontal surfaces[J]. *Solar Energy*,**2**：405-424.

Davies J A, Mckay D C. 1989. Evaluation of selection of selected models for estimating solar radiation on horizontal surface[J]. *Solar Energy*,**43**：153-168.

Elagib N A, Alvi S H, Mansel M G. 1999. Correlationships between clearness index and relative sunshine duration for Sudan[J]. *Renewable Energy*,**17**(4)：473-498.

Hoyt D V. 1978. A model for the calculation of solar global insolation[J]. *Solar Energy*, **21**：27-35.

Iqbal M. 1983. An introduction to Solar radiation[M]. *Toronto：Academic Press*, **303-307**.

Kasten F. 1965. A new table and approximation formula for the relative optical air mass[J]. *Arch Meteorol Geophys Bioklimatol Ser*, B14：206-223.

Kasten F, Young A T. 1989. Revised optical air mass tables and approximation formula[J]. *Applied Optics*, **28**：4735-4738.

Kimball H B. 1935. Intensity of solar radiation at the surface of the Earth：its variation with latitude, aititude, season & time of day[J]. *Monthly Weather Review*, **63**(1)：1-4.

Liu B Y H, Jordan R C. 1960. The interrelationship and characteristic distribution of direct, diffuse and total solar radiation[J]. *Solar Energy*, **4**：1-19.

Louche A, Notton G, Poggi P,Simonnot G. 1991. Correlations for direct normal and global horizontal irradiation on a French Mediterranean site [J]. *Solar Energy*,**46**（4）：261-266.

Maxwell E L. 1998. METSTAT—the solar radiation model used in the production of the NSRDB[J]. *Solar Energy*, **62**(4)：263-279.

Michalsky J J. 1992. Comparison of a National Weather Service foster sunshine recorder and the World Meteorological Organization standard for sunshine duration[J]. *Solar Energy*, **48**(2):133-141.

Iqbal M. 1979. A study of Canadian diffuse and total solar radiation data. Monthly average daily horizontal radiation[J]. *Sol Energy*, **22**(1):81-86.

Prescott J A. 1940. Evaporation from a water surfaces in relation to solar radiation[J]. *Trans R Soc S Aust*, **64**:114-118.

Rahoma U A. 2001. Clearness index estimation for spectral composition of direct and global radiations[J]. *Applied Energy*, **68**:337-346.

Vignola F, McDaniels D K. 1986. Beam-global correlations in the Northwest Pacific[J]. *Solar Energy*, **36**(5): 409-418.

第3章　山区太阳辐射地理参数及
起始数据的模型研究

第2章讨论了水平面的太阳总辐射、直接辐射和散射辐射的计算问题。在山区的太阳辐射，除了海拔高度影响外，还要受到地表非均匀性的影响。地表的非均匀性包括：(1)地形的起伏(2)下垫面物理性质(下垫面植被状况、土壤状况以及下垫面的干湿程度等)。在山区，地形对太阳辐射的影响相当复杂，坡向、坡度、遮蔽度、海拔高度以及地表性质等对辐射均有影响(Brown，1994；Kumar et al，1997；翁笃鸣和罗哲贤，1990；傅抱璞，1983)。周围地形的遮蔽作用会强烈地影响局地可照时间的分布(Roberto and Renzo，1995；傅抱璞，1983；李占清和翁笃鸣，1987；曾燕等，2003)；不同坡面上太阳光线入射角的不同，使其接受的太阳辐射在地面上还存在一个重新分配的过程，从而形成复杂的太阳辐射空间分布。同时，随着太阳在天空中运行轨迹的变化，地形之间相互遮蔽影响也在不断地相应变化，使得山区太阳辐射的计算变得非常复杂。因此，了解和研究山地太阳辐射的计算方法及辐射气候特征，具有重要的应用价值。

山地太阳辐射分布式模拟的关键是考虑下垫面非均匀因素对地表太阳辐射时空分布的影响。本章主要讨论山区太阳辐射中地理参数及起始数据计算问题。主要包括山区可照时数、山区天文辐射、地形开阔度和地表反射率等参数。

3.1 研究思路

将地表非均匀因素分为地形起伏和下垫面性质多样两方面。利用DEM数据，借助地理信息系统软件ArcGIS提供的相应功能模块，生成研究区域的坡度、坡向等局地地形因子数据；考虑地形起伏影响的可照时间和天文辐射计算是山地分布式太阳辐射模型建立的重要前提。前者是根据太阳光线与起伏地形之间的几何关系，确定山区中的日照情况；后者是在前者的基础上，依据坡面太阳辐射机理,模拟地形因素对太阳辐射影响的基础背景,是山地太阳辐射计算的重要起始数据。通过数值模拟山地天文辐射来反映地形因子(坡度、坡向以及地形遮蔽)对山地太阳直接辐射的影响。

利用 NOAA/AVHRR MODIS 和国外遥感数据集,总结前人在地表参数遥感反演的算法研究,在遥感图像处理软件 PCI 和 ENVI 的支持下,获取研究区域下垫面地表反射率。

以 DEM 数据作为地形的综合反映,全面考虑坡面自身遮蔽和周围地形相互遮蔽的影响,建立山区地形开阔度分布式模型。地形开阔度是影响山区散射辐射、地形反射辐射的重要参数,体现局地地形对山区太阳散射辐射、地表反射辐射的影响。

3.2 山区可照时数的分布式模型

3.2.1 山区可照时数的分布式计算模型

地面日照时间的长短直接决定了地表接受太阳辐射能量的多少,所以,地面日照时间是影响太阳辐射计算的重要参数。地面"可照时间"一般具有两种含义,即天文可照时间和地理可照时间(左大康,1990),前者指在不考虑大气影响和地形遮蔽的最大可能日照时间,后者指考虑地形遮蔽影响而不考虑大气影响的可能日照时间。地理可照时间模型已经被广泛地用于地表辐射场数值模拟和地表能量平衡等领域。这里计算的是"地理可照时间"。

复杂地形下的可照时间是考虑坡度、坡向等地理因子以及周围地形相互遮蔽的对可照时间的影响,目前这方面的研究也已经比较成熟(Kumar et al,1997),曾燕等(2003)建立了起伏地形下可照时间分布式模型,对起伏地形下中国 1 km 空间尺度的可照时间空间分布做了研究。

(1)水平面天文可照时间

研究表明(翁笃鸣等,1981),坡面日出(日没)时间不早于水平面上的日出(日没)时间。对于起伏地形中的任一点 P,根据从 DEM 数据中读取的纬度值,利用下式计算与该点同纬度水平面上一年中任一点的日出(日没)时角:

$$\omega_0 = \arccos(-\tan\varphi\tan\delta) \tag{3.1}$$

负根 $-\omega_0$ 相当于日出时的时角;正根 ω_0 相当于日落时的时角。当 $-\omega_0 < \omega < \omega_0$,才有日照。从真太阳时正午算起,向西为正,向东为负,单位:弧度(rad);φ 为纬度,δ 太阳赤纬,按文献(左大康等,1991)公式计算:

$$\delta = 0.006894 - 0.399512\cos\tau + 0.072075\sin\tau - 0.006799\cos2\tau +$$
$$0.000896\sin2\tau - 0.002689\cos3\tau + 0.001516\sin3\tau$$

$$\tag{3.2}$$

其中，τ 为日角，以弧度(rad)表示。τ 可用日序 D_n 来确定，D_n 从 1 月 1 日的 1 到 12 月 31 日的 365(假定 2 月为 28 天)。也即

$$\tau = 2\pi(D_n - 1)/365 \tag{3.3}$$

根据(3.1)—(3.3)式，可确定水平面上任意点的天文可照时间，为 $2\omega_0$(弧度)。即没有考虑大气和周围地形对这一点造成的日照遮蔽的影响。

(2)山地可照时间分布式模型

在山区，一天中任意时刻 P 点可照与否，主要由该时刻的太阳高度角和方位角以及太阳方位角方向上的地形对 P 点造成的遮蔽角(仰角)决定。当太阳高度角大于地形对 P 点造成的遮蔽角时，P 点可得到 i 日照，反之，则被遮蔽，没有日照。山区日照时数计算采用文献(曾燕等，2003)的算法，模型参数示意图见图 3.1，山地可照时间计算流程图见图 3.2。

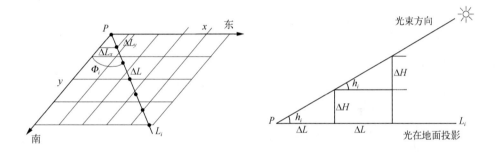

图 3.1　模型参数示意图(曾燕等，2003)

1) 给定时间积分步长 ΔT(分)，计算相应的太阳时角步长 $\Delta\omega = \dfrac{2\pi}{24 \times 60} \cdot \Delta T$(弧度)。

2) 在 $[-\omega_0, \omega_0]$ 区间内，以 $\Delta\omega$ 为步长，将水平面上的日出至日落时间划分为 n 个时段，共对应 $n+1$ 个时刻，得到相应各时刻的太阳时角数组：

$$[-\omega_0, -\omega_0 + \Delta\omega, \cdots, -\omega_0 + i \cdot \Delta\omega, \cdots, -\omega_0 + (n-1) \cdot \Delta\omega, \omega_0]$$

$$n = \text{int}\left(\frac{2\omega_0}{\Delta\omega}\right) + 1 \tag{3.4}$$

上式中 int( ) 为取整函数。

3) 确定各时段起始和终止时刻的太阳高度角 h_i 和太阳方位角 Φ_i

各时段起始和终止时刻的太阳时角为：

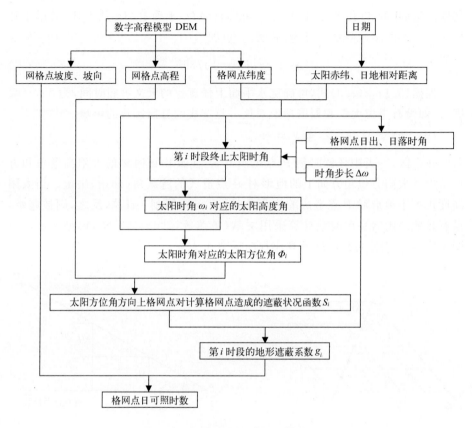

图 3.2　山地可照时间计算流程图

$$\omega_i = -\omega_0 + i \cdot \Delta\omega \qquad i = 0, 1, 2, \cdots, n-1$$

$$\omega_n = \omega_0 \tag{3.5}$$

根据太阳视轨道方程,各时刻对应的太阳高度角 h_i 和方位角 Φ_i 可由下式确定:

$$\sin h_i = \sin\varphi\sin\delta + \cos\varphi\cos\delta\cos\omega_i$$

$$\cos\Phi_i = \frac{\sin h_i\sin\varphi - \sin\delta}{\cos h_i\cos\varphi} \qquad i = 0, 1, 2, \cdots, n \tag{3.6}$$

其中,太阳方位角 Φ_i 从测点子午圈开始顺时针方向度量,正南为零,向西为正,向东为负。

4)确定各时刻对应太阳方位 Φ_i 上的遮蔽状况 S_i

以 P 为起点,沿 Φ_i 方位作直线 L_i,根据太阳高度角 h_i 和直线 L_i 方向上各点的高程即可确定该时刻周围地形对 P 点的遮蔽状况 S_i,当直线 L_i 方向上各点的高程均对 P 点不造成遮蔽时,记 $S_i = 1$,表示 P 点可照;反之,只要有一点高程使 P 点不可照,记 $S_i = 0$,表示 P 点受地形遮蔽。实际计算中,地形用数字高程模型 DEM 来表示,由于 DEM 是由有固定长和宽的格网组成,在计算机模型中为了提高运行效率,自 P 点开始沿直线 L_i 按照距离步长 ΔL 依次判断相应格网点对 P 点的遮蔽状况。

取 DEM 格网长和宽的最小值作为距离步长 ΔL,即

$$\Delta L = \min(\text{size}x, \text{size}y) \tag{3.7}$$

其中,$\text{size}x$ 为 DEM 在 x 方向的分辨率;$\text{size}y$ 为 DEM 在 y 方向的分辨率。

自 P 点开始沿直线 L_i 按照距离步长每增加一个 ΔL,对应的水平(东西)方向的坐标增加步长 ΔL_x 和垂直(南北)方向的坐标增加步长 ΔL_y 分别为:

$$\Delta L_x = \Delta L \times \sin(\Phi_i)$$
$$\Delta L_y = \Delta L \times \cos(\Phi_i) \tag{3.8}$$

在直线 L_i 方向上随着距离按步长 ΔL 的增加,使 P 点不受遮蔽应满足的最大高程增量 ΔH 为:$\Delta H = \Delta L \times \tan(h_i)$

在遮蔽范围半径 R 内,判断 Φ_i 方位上地形对 P 点所造成的遮蔽状况 S_i 时,需进行的计算次数为:

$$N = \text{int}\left(\frac{R}{\Delta L}\right) \tag{3.9}$$

以 P 点为起点,ΔL 为步长,沿直线 L_i 逐步计算周围地形高程(格网点高程)对太阳光线的遮蔽状况,若:

$$Z(x_P + j \times \Delta L_x, y_p + j \times \Delta L_y) > Z(x_P, y_p) + j \times \Delta H \quad j = 1, 2, \cdots, N \tag{3.10}$$

则 $S_i = 0$,即在 Φ_i 方位周围地形对 P 点有遮蔽;否则,$S_i = 1$,即在 Φ_i 方位周围地形对 P 点无遮蔽,P 点可照。其中,$Z(x, y)$ 为 (x, y) 处的高程。

通过对各时刻遮蔽状况 S_i 的计算,得到遮蔽状况数组 $[S_0, S_1, \cdots, S_i, \cdots, S_n]$。

5)计算 n 个时段的遮蔽系数

设 g_i 为与 $[-\omega_0, -\omega_0 + \Delta\omega, \cdots, -\omega_0 + i \cdot \Delta\omega, \cdots, -\omega_0 + (n-1) \cdot \Delta\omega, \omega_0]$ 所对应的 n 个时段中第 i 时段的遮蔽系数,其取值由遮蔽状况数组 $[S_0, S_1, \cdots, S_i, \cdots, S_n]$ 确定,即:

$$g_i = \frac{1}{2}(S_{i-1} + S_i) \tag{3.11}$$

6)计算日可照时间长度

起伏地形中任一点 P 在任一天的可照时间 L(小时)可表示为:

$$L = \frac{24}{2\pi}\left(\sum_{i=1}^{n-1} g_i \Delta\omega + g_n \text{mod}\left(\frac{2\omega_0}{\Delta\omega}\right)\right) \tag{3.12}$$

其中,$\text{mod}(\ )$ 为求余函数,取两数相除后的余数,用来表示一天时间(从 $-\omega_0$ 到 ω_0 时段)除以时间步长 $\Delta\omega$ 后的余数值(单位为弧度)。

3.2.2 山区可照时间的空间分布

以 100 m×100 m 分辨率 DEM 数据作为地形综合反映,计算陕西各月可照时间,计算过程中,遮蔽范围半径 R 取 20 km,时间步长 ΔT 取 10 分钟,DEM 重采样方法为双线性插值法。

统计得实际地形下陕西省年可照时间空间分布(图 3.3~图 3.4)。由图 3.3 可见:全省年可照时间为 2555~4396 h,地域差异很大,达 1841 h,但大部分处于 4200~4396 h 之间,就全省平均,陕西年可照时间平均为 4257 h。图中年可照时间的纬向分布特征不明显,地形因子(坡度、坡向以及地形之间的相互遮蔽)的影响非常明显,受山区地形本身和周围地形遮蔽的影响,山区可照时间与同纬度平地相比差异明显,从而表现出可照时间的非地带性分布特征。

图 3.4 为实际地形下陕西春季(3—5 月)、夏季(6—8 月)、秋季(9—11 月)及冬季(12 月、1—2 月)可照时间的分布图。实际地形下陕西省各季可照时间的空间分布差异明显,同时具有明显的季节变化特征。在空间分布上,各季的可照时间都是平地和山脊多、谷地少,南坡多、北坡少。在时间上夏季和春季呈暖色调,而秋季和冬季呈现冷色调,表现出明显的季节分布特征。

冬季,全省的可照时间普遍降到全年最小,全省可照时间为 424~919 h,全省平均 859 h。但可照时间的高低中心配置与全年平均形势一致,可照时间最小值均出现在秦巴山区谷地和黄土高原沟壑地带,其值一般在 500 h 左右,可照时间高值区一般为 900 h 上下。冬季,太阳高度角较低,坡度、坡向的作用非常明显,地形遮蔽作用最大,遮蔽面积较大,受山区地形本身和周围地形遮蔽的影响,日照时间的空间差异最显著,山区可照时间与同纬度平地相比明显减少,表现出明显的非地带性分布特征。

夏季,全省的可照时间普遍升到全年最大,全省可照时间为 900~1300 h,全省平均 1271 h。但可照时间的高低中心配置与全年平均形势一致,可照时间最小值均出现在秦巴山区谷地和黄土高原沟壑地带,其值一般在 900 h 左右,可照时间高值区一般为 1290 h 上下。夏季太阳高度角较高,地形遮蔽作用不明显,遮蔽面积小,日照时间的空间差异最小,但局地地形对日照时间影响仍然有一定的反映。

春季,全省的可照时间略低于夏季,全省可照时间为 700~1190 h,全省平均 1154 h。但可照时间的高低中心配置与全年平均形势一致,可照时间最小值均出现在秦巴山区谷地和黄土高原沟壑地带,其值一般在 700 h 左右,可照时间高值区一般为 1180 h 上下。春季太阳高度角较高,地形遮蔽作用略大于夏季,遮蔽面积相对较小,日照时间的空间差异较小,但局地地形对日照时间影响明显强于夏季。

秋季,全省的可照时间略低于春季,全省可照时间为 $500\sim1020$ h,全省平均 972 h。但可照时间的高低中心配置与全年平均形势一致,可照时间最小值均出现在秦巴山区谷地和黄土高原沟壑地带,其值一般在 500 h 左右,可照时间高值区一般为 1000 h 上下。秋季太阳高度角较高,地形遮蔽作用略大于夏季,遮蔽面积相对较小,日照时间的空间差异较小,但局地地形对日照时间影响明显强于夏季,弱于冬季。

冬季地形对山地可照时间的影响比夏季明显。在空间分布上,各季的可照时间都是平地和山脊多、谷地少,南坡多、北坡少。

对陕西省 1—12 月山地可照时间数据统计特征表明(表 3.1),就全省平均而言,在全年中 7 月份可照时间最高,为 435 h;12 月份最小,为 278 h。

表 3.1 陕西省 1—12 月可照时间特征统计(单位:h)

月份	1 月	2 月	3 月	4 月	5 月	6 月	7 月	8 月	9 月	10 月	11 月	12 月
最大值	310	299	362	390	434	440	444	413	370	341	310	300
最小值	145	140	176	228	289	318	310	257	189	165	140	134
平均值	286	284	347	382	426	427	435	410	358	328	287	278
标准差	22	17	18	8	5	7	6	5	15	18	21	23

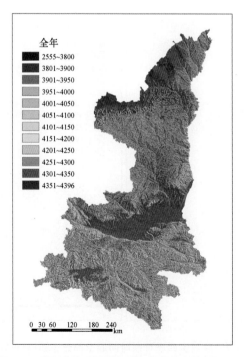

图 3.3 陕西省年可照时间的空间分布图(单位:h)

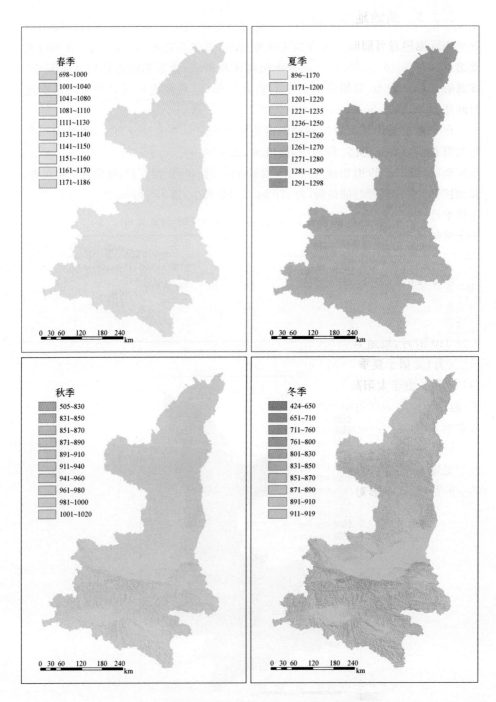

图 3.4　陕西省四季可照时间的空间分布图(单位:h)

3.2.3　局地地形对山区可照时间的影响

山区地形对可照时间的影响可归纳为以下三个方面：一是测点本身海拔高度的影响；二是坡向、坡度的影响；三是周围地形对测点遮蔽影响。所谓地形对日照的影响，就是确定各测点的日出日落时间，计算可照时间和实际日照时间的问题。

1 月（类似于冬季，图略）陕西可照时间的空间分布的纬向分布特征明显，1月太阳赤纬为负值，所以表现出可照时间由南向北递减的规律。1 月太阳高度角较低，地形之间的相互遮蔽对可照时间的影响显著，可照时间的空间差异较大，表现出强烈的非地带性分布特征：尤其在地形起伏强烈的秦巴山区，受山区地形本身和周围地形遮蔽的影响，秦巴山区的可照时间分布很不均匀，山脊和偏南坡的日照条件明显优于北坡和受遮蔽的谷地，其中山脊上的可照时间可达300 h/月，而谷地最小可降至 145 h/月，两者可相差一倍；陕北高原、丘陵地区由于地形起伏弱于秦巴山区，所以地形之间相互遮蔽对可照时间的影响也弱于山区。秦巴山区山脊、汉中盆地、关中平原分布着可照时间的高值区，秦巴山区山谷为当月最小值的分布区。1 月陕西平均可照时间为 286 h/月，可照时间最长为 310 h/月，最短为 145 h/月。南坡大、北坡小。

7 月（类似于夏季，图略）陕西平均可照时间为 435 h/月，可照时间最长为444 h/月。由于太阳高度角很高，地形对可照时间影响的作用不如冬季那么明显，但由于山区地形的相互遮蔽影响，山区沟谷地可照时间仍然比平地偏少，分布着本月可照时间的低值区，有些沟谷地最少为 280 h/月。

图 3.5 为秦巴山区 1 月可照时间的空间分布图，从图中可见山地可照时间由于受坡向、坡度、地形相互遮蔽影响，山脊上可照时间的极大值和山谷极小值的空间配置，使地形对山区可照时间的影响得以充分展现。

170　185　200　215　230　245　260　270　280　290　300　310　　　0　2.5　5　　10　15　20 km

图 3.5　秦巴山区 1 月可照时间的空间分布图（单位：h）

3.3 山区日照时数的分布式模型

实际太阳日照时间的长短直接决定了地表接受太阳辐射能的多少,是太阳辐射计算的重要参数,也是生态系统过程模型、水文模拟模型和生物物理模型研究的重要参数(翁笃鸣,1997)。山区日照时间的差异是形成山地气候的主要因素之一,也是形成山地生态环境的重要因素(傅抱璞,1983)。

山地"日照时间"是既考虑受地理纬度、太阳赤纬的影响,还要考虑海拔高度、坡度、坡向等地形因子及周围地形相互遮蔽的影响,又要考虑大气影响的实际日照时间。在山区,到达坡地的日照时间除受坡地本身坡向、坡度影响外,周围地形的遮蔽作用更会强烈地影响局地日照时间的分布(Roberto and Renzo,1995)。因此,确定山区日照时间是非常困难的,一般只能在有限区域采用图解方法(翁笃鸣等,1981)。同样,山区日照时间仍是一个重要但通常又是未知的气象参数(李占清等,1987)。我国各地山区实际日照时间的空间分布仍未见诸报道。

3.3.1 山区日照时数的分布式模型

在以往的研究中,山区实际日照时间的计算式为(翁笃鸣等,1990):

$$L_{\alpha\beta} = L_{0\alpha\beta} \cdot s \tag{3.13}$$

即计算出山区格点地理可照时间,再乘以各格点日照百分率即可得到实际日照时间的空间分布。式中,$L_{\alpha\beta}$ 为实际日照时间;$L_{0\alpha\beta}$ 为可照时间;s 为日照百分率。

根据各个站的经纬度等计算出其可照时间 S_0,各气象站实际日照时数 S 和 S_0 的百分比即日照百分率 s。即

$$s = \frac{S_0}{S} \times 100\% \tag{3.14}$$

使用 Inverse Distance Weight 插值法将观测站日照百分率内插,生成陕西省水平面 $100\ m \times 100\ m$ 分辨率的平均日照百分率 s 空间分布。

将上节计算的山区可照时间和日照百分率分别带入(3.13)式即可计算实际日照时数。

3.3.2 日照百分率的空间分布

按照 3.3.1 节计算出全省各月日照百分率。全省年平均日照百分率在 $29\% \sim 68\%$ 之间,呈现出由北向南依次递减的趋势。最小出现在陕南的镇巴,为 30% 左右,最大值中心在陕北北部,为 65% 左右(图 3.6)。这主要是由于陕西北部属温带半干旱季风气候区,大气中水汽含量少,云量少,由于气候干燥,可获得的水汽量较少,降水稀少,晴空日数多等因素有关,因而是各月日照百分

率的高值区。陕南地处亚热带湿润季风气候区,水汽充沛,云量多,降水多,因而是各月日照百分率的低值中心。平均年日照百分率陕北、关中和陕南分别为55%～68%、40%～57%和29%～45%。

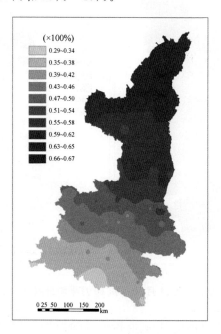

图3.6　全省年平均日照百分率分布图

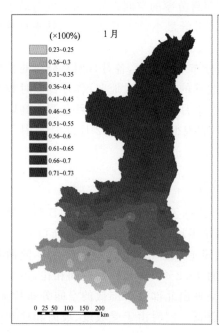

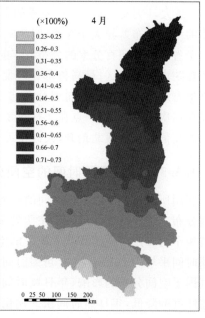

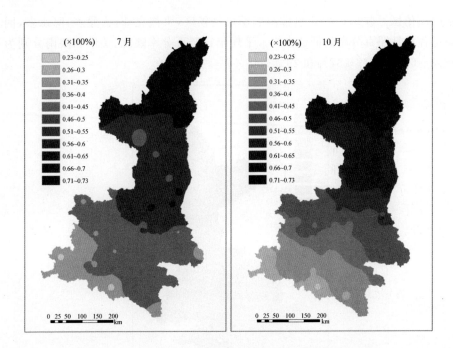

图 3.7　全省 1 月、4 月、7 月和 10 月平均日照百分率分布图

各季平均日照时间的空间分布和年日照时间一致,呈北高南低的分布特征;春、夏、秋、冬四个季节的日照百分率分别为 29%～64%、37%～61%、25%～66%、22%～68%。其中,冬季日照百分率的空间差异(最大值与最小值之差)最大,1 月份达到 42%,夏季的空间差异最小,7 月份为 23%,秋季日照百分率的空间分布差异大于春季(图 3.7)。

全省各月日照百分率的分布与年的分布十分相似,各月日照百分率的最低值都在陕南大巴山区;最高值都在陕北北部的长城沿线地区;各月日照时数基本都呈自北向南递减的纬向型分布,6 月、7 月、8 月、9 月四个月在渭北高原一带还存在次高值区,这一点在 7 月和 8 月表现得尤为明显,12 月、1 月、2 月三个月的次高值区略向西北抬升,大约在延安洛川一带。

3.3.3　山区日照时间的空间分布

利用所建立的实际日照时间的模型,计算了陕西 1—12 月平均日照时间的空间分布。统计得实际地形下陕西省多年平均年日照时间空间分布(图 3.8)。全省年平均日照时间为 960～2892 h,空间差异达 1932 h。就全省平均,陕西年可照时间平均为 2097 h,占年可照时间的 49.2%。和年可照时间相比,由于受大气因子空间分布的影响,年日照时间呈现出北部高南部低的空间分布特征,随着纬度的降低,年日照时间由北向南降低。同时由于受坡度、坡向和地形遮蔽因子影响,山区年日照时间的空间差异依然比较明显,山脊和开阔南坡的日照时间明显优于谷地和北坡。

统计得实际地形下陕西省多年平均年及四季春季(3—5 月)、夏季(6—8月)、秋季(9—11月)及冬季(12月、1—2月)日照时间空间分布(图3.9)。春季、夏季、秋季和冬季多年平均日照时间的空间分布特征和年日照时间一致,具有明显的自北向南减少的分布特征。

冬季,全省日照时间普遍降到全年最小,全省可照时间为106~633 h,全省平均436 h。日照时间最小值均出现在陕西秦岭南部,其值一般在200 h左右,日照时间高值区出现在陕北北部,一般为600 h上下。

夏季,全省日照时间普遍降到全年最大,全省可照时间为390~815 h,全省平均653 h。日照时间最小值均出现在陕西秦岭南部,其值一般在400 h左右,日照时间高值区出现在陕北北部,一般为800 h上下。

春季,全省日照时间普遍小于夏季,全省可照时间为255~720 h,全省平均557 h。日照时间最小值均出现在陕西秦岭南部,其值一般在260 h左右,日照时间高值区出现在陕北北部,一般为700 h上下。

秋季,全省日照时间小于春季略高于冬季,全省可照时间为155~688 h,全省平均452 h。日照时间最小值均出现在陕西秦岭南部,其值一般在200 h左右,日照时间高值区出现在陕北北部,一般为650 h上下。

在四个季节中日照时间的大小依次为夏季>春季>秋季>冬季,表现出四季分布的不对称性。冬季和秋季地形对日照时间的影响明显大于春季和夏季,山区日照时间的空间差异较明显,偏南坡和偏北坡以及山脊和山谷的日照时间差异较大。

表3.2为陕西省1—12月山地日照时间数据统计特征,就全省平均而言,在全年中7月份日照时间最高,为220 h;11月份最小,为143 h。12月全省日照最小值为33 h,位于陕南镇巴县境内,平均每天日照1 h左右。5月全省日照时间最长在府谷县为288 h,较长时间的日照为当地作物的生长提供了有利条件。

表 3.2　陕西省 1—12 月日照时间统计特征(单位:h)

月份	1月	2月	3月	4月	5月	6月	7月	8月	9月	10月	11月	12月
最大值	214	211	233	252	288	287	275	253	242	234	214	213
最小值	37	35	54	85	116	136	138	114	59	43	36	33
平均值	150	142	157	185	215	219	220	214	157	152	143	145
标准差	41	39	40	34	38	35	24	17	37	40	40	39

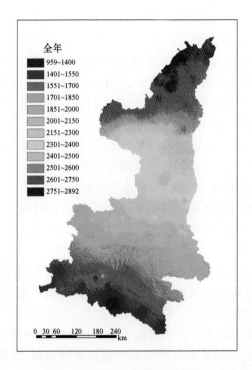

图 3.8　陕西省多年平均年日照时间空间分布(单位:h)

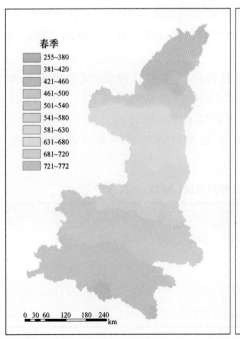

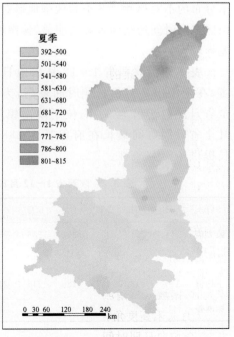

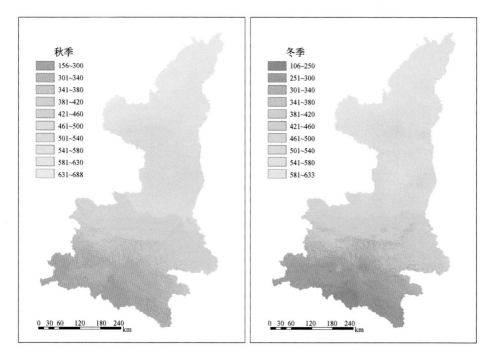

图 3.9　陕西省四季多年平均日照时间空间分布(单位:h)

3.3.4　局地地形对山区日照时间的影响

局地地形是影响山地日照时间空间分布的重要因素。周围地形遮蔽、坡向和坡度等都对山区日照时间的分布有影响,同时这种影响在不同季节、不同地区的表现是不一致的。针对不同的地形因子,选用了不同月份网格点的平均值来分析其对山区日照时间分布的影响。

(1)坡向的影响

图 3.10 给出了 1 月和 7 月不同坡度日照时数随坡向变化曲线。其中,坡向是从正北开始,顺时针方向度量,即:正北为 0°,正东为 90°,正南为 180°,正西为 270°。1 月太阳高度角较低,坡向对日照时数的影响非常明显,日照时间空间差异较大,日照时间为 82～133 h,最大值约为最小值 2 倍;坡向对日照时数的影响在坡度小于 10°上左右不明显,随着坡度从 10°逐渐增加到 40°,日照时数受坡向影响的程度都呈现逐渐增强的趋势,不同坡向日照时数均减少,其中以北坡、东北坡减少最为明显。分析同一坡度上不同坡向的变化时可看出:当坡度较大时,南坡或偏南坡的日照时数最长,北坡或东北坡的最短。

7 月太阳高度角较高,坡向对日照时间的影响远远小于 1 月。在同一坡度下,各个坡向日照时间空间差异较小,尤其是在 10°、20°的平缓坡面时,坡度较大时,差异增加。应该指出的是该结果没有剔除周围地形遮蔽的影响。

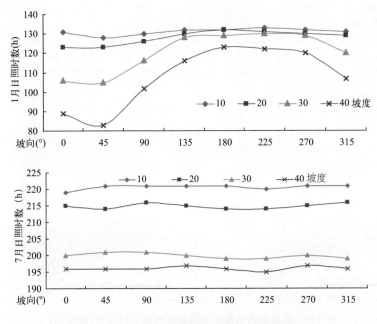

图 3.10   1 月、7 月不同坡度日照时数随坡向的变化

(2)坡度的影响

以 1 月、7 月作为冬夏季代表月,讨论山区可照时间随不同坡向随坡度的变化规律。通过坡度计算,研究区域的坡度主要在 0～63°范围内,共分 10 类。坡向按照 8 个方位分析,分别统计 1 月、7 月不同坡向下可照时间随坡度的变化规律。

图 3.11 是 1 月、7 月不同坡向下各类坡度日照时间的平均值变化曲线。在研究区域,坡度为 0°～60°,1 月北、西北、东、东北四个坡向的日照时间随坡度的增大逐渐减少,北坡和东北坡减少的更显著,在 15°～60°坡度日照时间减少的幅度大于 1°～10°日照时间减少的幅度。而东南、南、西南和西四个坡向上的日照时间随坡度的增大减少的幅度很小,并且在 35°～60°日照时间随坡度的增大逐渐增多。相同坡度的情况下,南坡、西南坡的日照时间长于其他坡向的日照时间,北坡和东北坡的日照时间最短。7 月坡向对日照时间的影响不明显,各方位坡地上的日照时间差异较小。在 1°～25°日照时间随坡度的增大基本没有变化,在 26°～60°日照时间随坡度的增大逐渐减少。因为在分析坡向、坡度对日照时间的影响中,无法分离出地形遮蔽的影响,因此上述结果中也包含了地形遮蔽的影响。

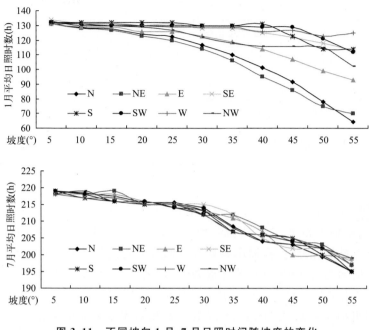

图 3.11 不同坡向 1 月、7 月日照时间随坡度的变化

3.3.5 山区日照时间模型验证分析

根据文献(傅抱璞等,1996)可知,对长年平均的情况来说,云量在白天的时间分布可以视为是均匀的,则山地各种地形下的日照百分率与开阔平地的日照百分率应该相等,可以根据开旷平地(或一般气象站)的日照百分率和理论计算的可照时间来估计山地不同地形下的实际日照时间。因此采用气象站资料分别使用交叉验证和个例年验证分析方法来验证模型稳定性。

(1)交叉验证分析

交叉验证即每次假设一个气象站实测数据点未被测定,根据 $n-1$ 个其他测定点数据估算这个点的值,为估算值,设气象站观测值为实测值,分别计算这个站 1—12 月的绝对误差和相对误差绝对值。依次去掉一个气象站,共交叉验证陕西境内 96 个气象站。表 3.3 为各月的平均误差统计分析结果。96 个气象站 1—12 月平均绝对误差为 7 h,其中 12 月平均绝对误差最大 9.8 h,4 月平均绝对误差最小 4.7 h；96 个站 1—12 月平均相对误差绝对值为 4.2%,其中 12 月最大为 6.5%,5 月最小为 2.5%。可见,该模型的估算精度是比较高的,稳定性也比较好。

表 3.3　气候平均月日照时间估算模式交叉验证误差统计分析表

月份	1月	2月	3月	4月	5月	6月	7月	8月	9月	10月	11月	12月
MABE(h)	9.5	6.7	7.2	4.7	5.2	5.5	6.3	6.8	6.0	8.5	8.2	9.8
MARBE（%）	6.0	4.7	4.4	2.6	2.5	2.6	3.0	3.2	3.9	5.5	5.5	6.5

注：MABE 为平均绝对误差；MARBE 平均相对误差绝对值。

（2）个例年验证分析

为了进一步验证模型精度，以 2007 年为例，对模型的计算值与气象站实际观测值进行了比较。

根据模型计算出各格点逐月可照时间，利用各气象站 2007 年各月日照百分率，通过插值及模型计算，得到陕西 2007 年逐月的日照时间的空间分布图。按照各气象站的经纬度，提取出各站逐月的日照时间作为估算值，以气象站观测的日照时间为实测值，分别统计误差分析（表 3.4）。结果表明：96 个气象站1—12 月平均绝对误差为 4.9 h，其中 1 月平均绝对误差最大 7.1 h，6、7 月平均绝对误差最小 3.0 h；96 个站 1—12 月平均相对误差绝对值为 2.1%，其中 12月最大为 3.8%，5 月最小为 0.6%。可见，该模型的估算精度是很高的，稳定性也非常好。

表 3.4　2007 年陕西各月日照时间估算模式误差统计分析表

月份	1月	2月	3月	4月	5月	6月	7月	8月	9月	10月	11月	12月
MABE(h)	7.1	6.2	6.5	4.5	3.6	3.0	3.0	3.5	4.5	4.8	6.6	5.9
MARBE（%）	3.2	2.9	3.1	1.1	0.6	0.8	1.1	0.8	1.9	3.3	3.0	3.8

3.4　山区天文辐射的分布式模型

山地天文辐射计算是山区分布式太阳辐射模型建立的重要前提。天文辐射指无大气存在时，入射到地球表面的太阳辐射能量，它仅由日地天文因素、地理、地形因素所决定的地表太阳辐射，它是地表实际入射太阳辐射的基础背景（左大康，1990），也是太阳能资源评估和地表总辐射、直接辐射、散射辐射估算的重要起始数据之一。傅抱璞（1983）对坡面天文辐射进行了开创性理论研究，建立了椭圆积分模式；朱志辉（1988）确定了在不考虑地形和其他地物遮蔽的情形下，任意纬度非水平面天文辐射各时段总量的解析计算公式，并首次给出了全球范围各种倾斜面上天文辐射各时段总量分布的系统图像；孙汉群（1996，

2005)计算出全球范围内任意坡向、坡度在任意时段内的天文辐射。邱新法(2003)、曾燕等(2003)建立起伏地形下的天文辐射分布式模型,对 1 km 空间尺度的天文辐射的空间分布做了研究,反映了大地形因子对天文辐射的影响规律。但在山区,局地地形因子对太阳辐射的影响是最重要的,正是这类因子的多样性,以及他们对太阳辐射影响的复杂程度,使得山区太阳辐射呈现出复杂的空间分布。采用文献(曾燕等,2003)的研究结果,采用 1:25 万陕西省 DEM数据,探讨和研究 100 m×100 m 分辨率下的陕西省山地太阳辐射资源的空间分布,为后面的研究提供起始数据。

3.4.1　山区天文辐射的分布式计算模型

由文献(傅抱璞,1983)可知,倾斜面上任意可照时段内获得的天文辐射量 Q_s 为:

$$Q_s = \frac{T}{2\pi}\left(\frac{1}{\rho}\right)^2 I_0 \left[u\sin\delta(\omega_{ss} - \omega_{sr}) + v\cos\delta(\sin\omega_{ss} - \sin\omega_{sr}) - w\cos\delta(\cos\omega_{ss} - \cos\omega_{sr}) \right]$$

$$(3.15)$$

其中,

$$u = \sin\varphi\cos\alpha - \cos\varphi\sin\alpha\cos\beta$$
$$v = \sin\varphi\sin\alpha\cos\beta + \cos\varphi\cos\alpha$$
$$w = \sin\alpha\sin\beta$$

式中,ω_{sr} 和 ω_{ss} 分别为倾斜面可照时段对应的起始和终止太阳时角;I_0 为太阳常数;α 为坡度,即坡面与水平面之间的夹角;β 为坡向,即坡面法线与当地子午面之间的偏角,南向为 0°,顺时针方向为正,逆时针方向为负。

山地天文辐射的计算按照文献(曾燕等,2003)计算模型,根据 3.2.1 节日照时数的计算方案,累计以上 m 个可照时段的天文辐射量,得到山区 P 点日天文辐射量 $Q_{0da\beta}$ 的计算式为:

$$Q_{0da\beta} = \frac{24}{2\pi}\left(\frac{1}{\rho}\right)^2 I_0 \left\{ u\sin\delta\left[\sum_{l=1}^{m}(\omega_{ssl} - \omega_{srl})\right] + v\cos\delta\left[\sum_{l=1}^{m}(\sin\omega_{ssl} - \sin\omega_{srl})\right] - \right.$$
$$\left. w\cos\delta\left[\sum_{l=1}^{m}(\cos\omega_{ssl} - \cos\omega_{ssr})\right] \right\}$$

$$(3.16)$$

计算其日天文辐射量累加,即可获得逐月的月天文辐射量 $Q_{0a\beta}$。

3.4.2　山区天文辐射的空间分布

以 1:25 万的陕西 DEM 数据作为地形的综合反映,根据上式计算了陕西省 1—12 月的山地天文辐射的空间分布。计算过程中,遮蔽范围半径 R 取

20 km,时间步长 ΔT 取 10 分钟,DEM 重采样方法为双线性插值法。

(1)年天文辐射量空间分布

统计得实际地形下陕西省年及四季天文辐射空间分布(图 3.12~图 3.13)。实际地形下陕西省年天文辐射总体上呈现出由北到南逐渐增强的趋势,随着纬度的升高,年天文辐射由南向北降低。实际地形下陕西省年天文辐射 3227~12950 MJ・m^{-2},全省平均为 10644 MJ・m^{-2}。陕西南部平坦地区是天文辐射高值区,年天文辐射在 12700 MJ・m^{-2};秦岭山区存在天文辐射的低值区,并且低值区和高值区年天文辐射量差异较大;关中地区年天文辐射量的空间分布较均匀,年天文辐射量在 10000~11500 MJ・m^{-2},空间区域差异不明显;陕北地区年天文辐射量整体最小,为 6000~10000 MJ・m^{-2}。但是由于坡度、坡向和地形遮蔽的影响,实际地形下陕西天文辐射有呈现出明显的非地带特征。天文辐射在山脊上的高值分布与山谷中的低值分布的形成强烈色彩对比,明确反映了秦巴山区、黄土高原地形明显地遮蔽作用;尤其是秦巴山地较黄土高原的地形起伏更大,地形遮蔽作用更加明显,其天文辐射的空间分布差异最显著。

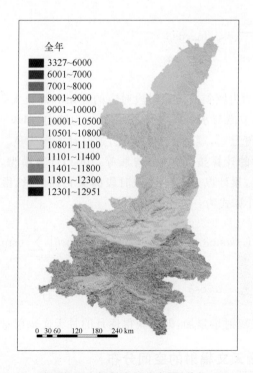

图 3.12　陕西年天文辐射空间分布图(单位:MJ・m^{-2})

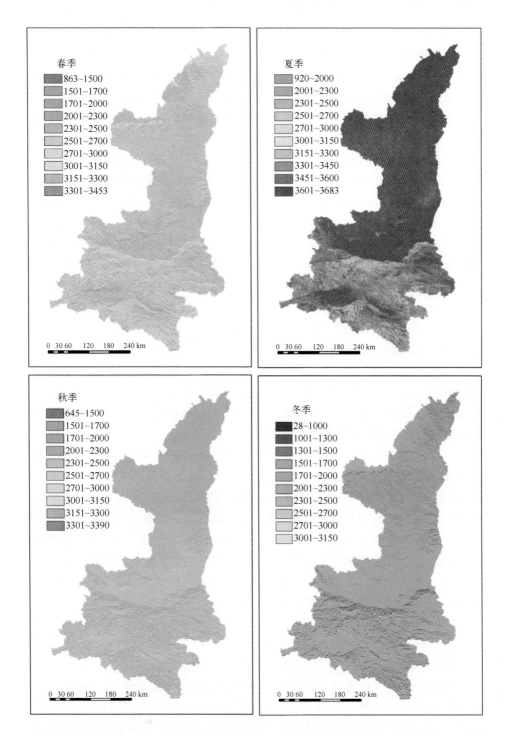

图 3.13 陕西四季天文辐射空间分布图(单位:MJ·m^{-2})

(2)月、季天文辐射量空间分布

统计陕西省春季(3—5月)、夏季(6—8月)、秋季(9—11月)及冬季(12月、1—2月)各季天文辐射量。春季、夏季、秋季和冬季天文辐射量的空间分布特征和年天文辐射量的空间分布特征一致,具有明显的自南向北减少的分布特征,天文辐射量具有明显的季节变化。天文辐射量的大小依次为夏季>春季>秋季>冬季,表现出四季分布的不对称性。

冬季,全省的天文辐射量为全年最小,为 28~3150 MJ·m^{-2},全省平均1672 MJ·m^{-2}。但天文辐射的高低中心配置与全年平均形势一致,天文辐射最小值均出现在秦巴山区谷地和黄土高原沟壑地带,其值一般在 1000 MJ·m^{-2}左右,天文辐射的高值区中心为 3000 MJ·m^{-2}。冬季太阳高度角较低,坡度、坡向的作用非常明显,地形遮蔽作用最大,受山区地形本身和周围地形遮蔽的影响,强烈地影响了山区日照时间,使得山区天文辐射空间差异非常显著,形成谷地和山脊低值区和高值区的强烈对比,表现出局地地形影响造成的明显的非地带性分布特征。

夏季,全省的天文辐射量为全年最大,为 920~3683 MJ·m^{-2},全省平均3563 MJ·m^{-2}。天文辐射最小值均出现在秦巴山区谷地和黄土高原沟壑地带,天文辐射的高值区中心为 3600 MJ·m^{-2}。夏季太阳高度角最高,坡度、坡向的作用不明显,地形遮蔽作用最小,使得山区天文辐射空间差异最小。但是受地形影响,山区南坡、北坡和谷地、山脊的天文辐射差异仍然表现出局地地形影响造成的明显的非地带性分布特征。

春季,全省的天文辐射量略小于夏季,为 863~3453 MJ·m^{-2},全省平均3131 MJ·m^{-2}。天文辐射最小值均出现在秦巴山区谷地和黄土高原沟壑地带,其值一般在 1500 MJ·m^{-2}左右,天文辐射的高值区中心为 3300 MJ·m^{-2}。春季坡度、坡向的作用和地形遮蔽作用对天文辐射的影响略大于夏季。

秋季,全省的天文辐射量略大于冬季,为 645~3390 MJ·m^{-2},全省平均2279 MJ·m^{-2}。天文辐射最小值均出现在秦巴山区谷地和黄土高原沟壑地带,其值一般在 1500 MJ·m^{-2}左右,天文辐射的高值区中心为 3300 MJ·m^{-2}。秋季坡度、坡向的作用和地形遮蔽作用对天文辐射的影响略小于冬季。

总之,冬季地理、局地地形因子(坡向、坡度、地形相互遮蔽)对天文辐射的影响最大,陕西天文辐射的空间分布差异最大,即表现出明显的纬向分布特征,又呈现出强烈的空间分布非地带性特征,表现为南北坡色调反差巨大,山脊和沟谷对比强烈;夏季地理、局地地形因子对天文辐射的影响最小,天文辐射的空间分布差异最小,局地地形因子对天文辐射的影响在陕北北部的黄土高原、丘陵地区已经表现不明显,但秦巴山区天文辐射空间分布的非地带性分布特征依然存在;秋季、春季地理、局地地形因子的影响介于两者之间。

陕西省 1—12 月天文辐射量数据统计表明(表 3.6):就全省平均而言,各月天文辐射量以 7 月最高,为 1225 MJ·m^{-2};12 月最低,为 497 MJ·m^{-2}。7 月天文辐射的南北差异最小,表明地理因子的影响较小,影响天文辐射空间差异的主要是地形因子;1 月南北差异最大,表明地理因子和地形因子共同影响天文辐射空间差异。但各月总体色调配置的空间格局变化不大(即高值区、低值区随季节变化不明显)。各月天文辐射月最小值一般均在秦巴山区的北坡和沟谷地区,这是受坡向和周围地形相互遮蔽的影响。各月天文辐射的极大值分布在秦巴山区和陕北黄土高原的山脊和开阔的南坡,表明这些地区的辐射资源丰富。

天文辐射在山脊上的高值分布与山谷中的低值分布的强烈对比,明确反映了秦巴山区、黄土高原地形明显地遮蔽作用;尤其是秦巴山地较黄土高原的地形起伏更大,地形遮蔽作用更加明显,其天文辐射的空间分布差异最显著。

表 3.6 陕西省 1—12 月天文辐射特征统计(单位:MJ·m^{-2})

月份	1 月	2 月	3 月	4 月	5 月	6 月	7 月	8 月	9 月	10 月	11 月	12 月
最大值	1211	1088	1178	1143	1241	1256	1268	1190	1117	1175	1168	1200
最小值	3	96	373	571	910	942	951	893	502	208	5	3
平均值	540	632	889	1043	1200	1209	1225	1128	935	772	571	500
标准差	175	145	127	76	57	63	60	62	100	145	165	176

3.4.3 局地地形对山区天文辐射的影响

局地地形是影响山地天文辐射空间分布的一个重要因素,用山地天文辐射与水平面天文辐射之比,$R_b = \dfrac{Q_{0\alpha\beta}}{Q_0}$ 来描述地形对天文辐射影响,可体现地形对天文辐射的影响程度。依据上部分的计算结果,绘制陕西省各月 R_b 的空间分布图(图 3.14),分析局地地形对天文辐射的影响规律。

在冬季(1 月),由于太阳高度角较低,地形对天文辐射的影响非常强烈,坡面最大天文辐射可为平地的 2.35 倍,不同地形下天文辐射的空间差异非常之大。山区阴阳坡差异对比强烈:偏南坡 R_b 明显大于 1,呈暖色调分布,因此获得的天文辐射比平地多,而偏北坡情况恰恰相反,其获得的天文辐射要比平地少,呈冷色调分布,冷暖色调的强烈对比反映出坡向的决定性作用。

在夏季(7 月),由于太阳高度角较高,地形对天文辐射的影响较弱,全省大部分地区转换因子接近于 1,即不同坡向获得的天文辐射与平地基本相当。夏季坡向对天文辐射的影响不明显,地形遮蔽作用对天文辐射的影响也弱于冬季。在秦巴山区,由于地形起伏程度强烈,地形遮蔽等局地地形因子对天文辐射的影响依然存在。

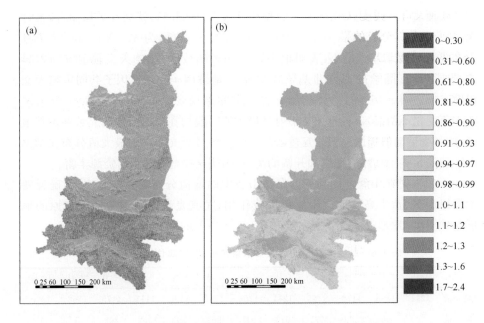

图 3.14　陕西省 1 月(a)、7 月(b)R_b 转换因子空间分布图

　　各月 R_b 空间分布的统计特征(表 3.7)反映了 R_b 的时间变化规律:越靠近冬季月份,地形对天文辐射的影响变得越来越强烈和突出,不同地形下 R_b 的极端差异也越来越大,以 12 月和 1 月地形的影响最显著;夏季随着太阳高度角的升高,地形对天文辐射的影响下降到最小,以 7 月为最低;秋季(9、10、11 月份)地形对天文辐射的影响要比春季(3、4、5 月份)略大。四季中地形对天文影响的程度为冬季>秋季>春季>夏季,呈现出季节的不对称性。

表 3.7　陕西省 1—12 月转换因子特征统计

月份	1 月	2 月	3 月	4 月	5 月	6 月	7 月	8 月	9 月	10 月	11 月	12 月
最大值	2.35	1.78	1.34	1.09	1.01	1.01	1.00	1.04	1.20	1.56	2.10	2.55
最小值	0	0	0	0	0	0	0	0	0	0	0	0
平均值	0.96	0.96	0.97	0.97	0.97	0.97	0.97	0.97	0.97	0.96	0.96	0.96

3.5　山区地形开阔度的分布式模拟

　　地形开阔度是指具有一定坡度、坡向的坡元受到周围地形的遮蔽时,坡元只能见到全部天空的一部分,这个可见部分称之为地形开阔度(翁笃鸣,1997)。在许多文献中,地形开阔度也称为天空可视因子(Dozier et al,1990;李新等,

1999)或天穹开阔度(Oliphant et al,2003)。它是除坡向、坡度以外,影响山地辐射平衡及其分量的另一重要地形因子,是山区散射辐射、地形反射辐射等计算的重要参数(Dubayah et al,1990;Revfeim,1978)。大量的研究表明,实际地形下,测点获得的散射辐射量与该点受周围地形的开阔度有关(Hay et al,1985;翁笃鸣等,1981;李新等,1996);测点的反射辐射量与该点地形的开阔度和地形反射率有关(Iqbal,1983)。但是在山区,由于复杂的地形条件,地形开阔度是一个重要但通常又是未知的参数. 在以往的太阳散射辐射计算中,往往仅考虑地形因子中坡度、坡向的影响,而不考虑地形之间相互遮蔽的影响(Kluch,1979;李占清等,1988)。

只考虑坡元自身遮蔽的情况下的地形开阔度可采用翁笃鸣等提出的方法确定(翁笃鸣等,1990)。但是在起伏地形中,山地任一点的开阔度均受四周起伏不平的山脊廓线的制约,周围地形对坡元的遮蔽往往是交错重叠的,很难用数学公式描述。以前由于条件的限制,一般只能采用测量四周遮蔽角,应用图解方法(翁笃鸣,1981)确定,这在实用上有很大的局限性,尤其当所研究山区的面积较大时几乎无法使用。对于周围地形对坡元的遮蔽影响,傅抱璞(1983)进行了较详尽的研究。李占清(1987)曾采用从地形图中直接读取 100 m×100 m 分辨率的网格点高程,计算最大仰角的方法,描绘了 3 km×3.5 km 范围内山区计算点的地形遮蔽图,为解决地形对辐射的遮蔽影响问题做出了开创性的尝试。Dozier(1990)发展了利用数字高程模型模拟地形参数计算太阳辐射的方法,他提出了用近似公式在十六个方向上分别计算天空可视因子,然后对其平均获得天空可视因子的快速算法。由于精确计算山区地形开阔度比较困难,并且需要大量的计算时间。Ryuzo Yokoyama 等采用了类似 Dozier 的方法,但只计算八个方向的平均开阔度,以提高运算速度。李新(1999)基于数字高程模型,用全天各向同性可见因子来表示地形未遮蔽部分(即地形开阔度),提出应用光线追踪算法模拟地形遮蔽的理论方法,为利用地形数据进行实际地形下的太阳辐射数值模拟提供了全新的思路。但是,由于受数字高程资料的获取、模型效率、精度等因素的影响,上述研究大都局限于理论方法研究或小区域试验。

在以上研究的基础上进行模型改进,提出了山区地形开阔度的分布式模型和算法,计算出复杂地形下陕西地形开阔度的空间分布,研究复杂地形下陕西山区地形开阔度的空间分布特征。

3.5.1 山区地形开阔度的分布式模型

在以往的研究中,开阔坡地开阔度(天穹开阔度)的计算式为(翁笃鸣等,1990):

$$V = (1 + \cos\alpha)/2 \tag{3.17}$$

其中,α 为山地中任一坡面的坡度。

式中仅仅考虑了坡面自身的遮蔽作用,代表单一无限长的倾斜面的地形开阔度。起伏地形中,山地的开阔度取决于周围地形的相互遮蔽作用,需要在 2π 的方位内进行数值积分。对于起伏地形中任一坡元 P,建立山区地形开阔度分布式模型:

(1)确定方位角积分次数:给定方位角积分步长 $\Delta\varphi$(度),沿 2π 圆周需要进行的积分次数为:

$$n = \text{int}\left(\frac{360}{\Delta\varphi}\right) \tag{3.18}$$

上式中 int() 为取整函数。

(2)计算各积分线方位角:以正南向为起始积分线,对应起始方位角 $\varphi_0 = 0$,按顺时针方向积分,各积分线方位角为:

$$\varphi_i = \varphi_0 + i \cdot \Delta\varphi \quad i = 0,1,2,\cdots,n-1 \tag{3.19}$$

即:$[\varphi_0, \varphi_0 + \Delta\varphi, \cdots, \varphi_0 + (n-1) \cdot \Delta\varphi]$

(3)计算各积分线地形开阔度 V_i

对于任意方位上的坡元,可以证明,其地形开阔度为(傅抱璞,1983):

$$V_i = 1 - \sin h \tag{3.20}$$

其中,h 为坡元的仰角。

以 P 点为起点,沿 φ_i 方位作直线 L_i,根据 P 点对直线 L_i 方向上各点的仰角即可确定出在 φ_i 方位上周围地形对 P 点的开阔度 V_i,V_i 取决于 P 点对沿线各点的最大仰角。实际计算中,地形用数字高程模型 DEM 来表示,由于 DEM 是由有固定长和宽的格网组成,在计算机模型中为了提高运行效率,自 P 点开始沿直线 L_i 按照距离步长 ΔL 依次判断相应格网点对 P 点开阔度 V_i。

取 DEM 格网长和宽的最小值作为距离步长 ΔL,即

$$\Delta L = \min(\text{size}x, \text{size}y) \tag{3.21}$$

其中,$\text{size}x$ 为 DEM 在 x 方向的分辨率;$\text{size}y$ 为 DEM 在 y 方向的分辨率。

自 P 点开始沿直线 L_i 按照距离步长每增加一个 ΔL,对应的水平(东西)方向的坐标增加步长 ΔL_x 和垂直(南北)方向的坐标增加步长 ΔL_y 分别为:

$$\Delta L_x = \Delta L \times \sin(\varphi_i)$$
$$\Delta L_y = \Delta L \times \cos(\varphi_i) \tag{3.22}$$

实际计算过程中,直线 L_i 的长度不必要取无限长,取一定的遮蔽范围半径 R 即可满足计算要求。

随着距离按步长 ΔL 的增加,在直线 L_i 方向上山地任一点的高程为:$Z(x_P + j \times \Delta L_x, y_P + j \times \Delta L_y)$,$P$ 点对山地该点的仰角 α_{ij} 为:

$$\alpha_{ij} = \arctan\left(\frac{Z(x_P + j \times \Delta L_x, y_P + j \times \Delta L_y) - Z(x_P, y_P)}{j \times \Delta L}\right) \tag{3.23}$$

直线 L_i 方向上,P 点的开阔度取决于点对各点的最大仰角 α_i:

$$\alpha_i = \max(\alpha_{ij}) \qquad j = 1, 2, \cdots, N \tag{3.24}$$

其中, N 为距离向积分次数, 由遮蔽范围半径 R 和步长 ΔL 决定。

由于函数 $\tan(\theta)$ 在 $\left(-\dfrac{\pi}{2}, \dfrac{\pi}{2}\right)$ 区间内为单调递增函数, 因此, 实际计算中, 使用下列计算方案替代(3.23)式和(3.24)式, 以提高运算效率:

$$Z_i = \max\left(\frac{Z(x_p + j \times \Delta L_x, y_p + j \times \Delta L_y) - Z(x_p, y_p)}{j}\right) \qquad j = 1, 2, \cdots, N$$

$$\tag{3.25}$$

$$\alpha_i = \arctan\left(\frac{Z_i}{\Delta L}\right) \tag{3.26}$$

按照(3.20)式, 计算在 φ_i 方位上周围地形对 P 点的开阔度 V_i。

由于不能保证 $x_P + j \times \Delta L_x$ 和 $y_p + j \times \Delta L_y$ 为整数(即, 刚好属于某一格网点的坐标), 所以 $Z(x_P + j \times \Delta L_x, y_P + j \times \Delta L_y)$ 必须使用重采样方法取得。

(4) 计算地形开阔度 V

沿 2π 圆周依次计算 $[\varphi_0, \varphi_0 + \Delta\varphi, \cdots, \varphi_0 + (n-1) \cdot \Delta\varphi]$ 各方位线上周围地形对 P 点的开阔度数组 $V_i = [V_0, V_1, \cdots, V_n]$, 据文献(李新, 1999), 对各积分线上的山地开阔度 V_i 求平均, 即为 P 点地形开阔度 V。

$$V = \frac{1}{n} \sum_{i=0}^{n-1} V_i \tag{3.27}$$

经过以上计算, 最终得到 P 点的地形开阔度。

当地面平坦时, 没有受到周围地形的遮蔽, 地形开阔度 $V = 1$; 当地面为下凹时, 受到周围地形的遮蔽, $V < 1$, 完全被遮蔽时, $V = 0$; 当坡元是孤立山峰等地形时, $V > 1$。

3.5.2 山区地形开阔度的空间分布

以 $100\ \mathrm{m} \times 100\ \mathrm{m}$ 分辨率的 DEM 数据作为地形的综合反映, 根据上述的地形开阔度分布式模型算法, 计算了陕西地形开阔度的空间分布。计算过程中, 遮蔽范围半径 R 取 $20\ \mathrm{km}$, DEM 重采样方法为双线性插值法。

由图 3.15 可以明显看出在 $100\ \mathrm{m} \times 100\ \mathrm{m}$ 分辨率下, 地形起伏对地形开阔度的遮蔽影响表现得更为显著, 山区地形开阔度的空间分布差异明显, 孤立山峰地形开阔度出现极大值和山谷中地形开阔度出现极小值的空间分布配置特征, 使起伏地形之间的相互遮蔽作用得以充分体现。地形起伏程度越强烈, 地形开阔度越小, 地形起伏程度越小, 地形开阔度越大。地形开阔度分布规律和陕西省的地形表现是一致的。地形开阔度数值为 $0.0 \sim 0.6$ 的地区, 主要分布在地形高度起伏大的秦岭山区, 地形环境非常复杂, 受到山区地形本身和周围地形遮蔽的强烈影响。在一些高大山脊顶部, 由于没有受周围地形遮蔽的影响,地形开阔度在 1.01～1.3 之间。在这些地区,由于复杂的地形条件和遮蔽影响,表现出沟、谷地形和山顶、山脊差异巨大,造成太阳辐射资源分布局地性差异显著(图 3.16)。陕北南部地区高原地区,由于该区域地形起伏相对高大山区较平缓,相对平原地区,山地遮蔽仍然十分明显,地形开阔度大于秦岭山区。汉中盆地、关中平原由于地形较平坦,地形开阔度值较大,接近 1。

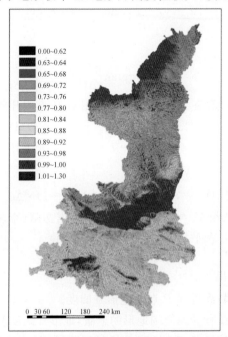

图 3.15　陕西省山地地形开阔度的空间分布图

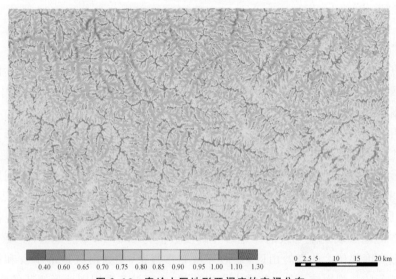

图 3.16　秦岭山区地形开阔度的空间分布

通过上述分析可以说明,山区起伏地形相对于平原地区受地形遮蔽影响的差异十分明显,从而进一步影响了太阳辐射能量在空间分布。

3.6 地表反射率的遥感反演

3.6.1 反射率计算模型

山区测点获得的反射辐射量与该点地形的开阔度以及坡面反射率有关。地表反射率表征地表面对太阳辐射的反射能力。地表月平均反射率 a_s 采用美国 NASA Pathfinder AVHRR 陆地数据集的 8 km×8 km 第一、二通道反射率数据计算(徐兴奎和刘素红,2002):

$$a_s = 0.545a_{s1} + 0.320a_{s2} + 0.035 \tag{3.28}$$

其中,a_{s1}、a_{s2} 为 AVHRR 通道 1 和 2 的反射率。在计算的时候对影像进行了初步的判断,对那些明显受云的干扰而使反射率增加的资料加以剔除,然后由一月 3 旬的反射率数据平均得到月反射率。

3.6.2 地表反射率的空间分布

图 3.17 分别给出陕西省 1 月、4 月、7 月和 10 月地表反射率的空间分布图。从图中可以看出,各月都以陕北北部的风沙区反射率最高,秦巴山区和陕

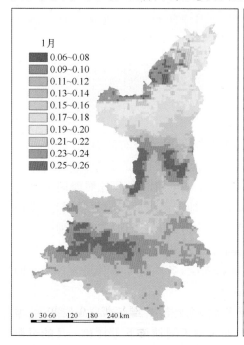

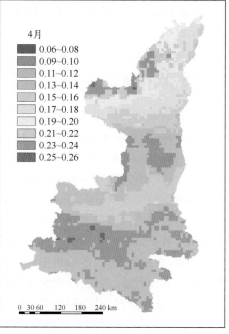

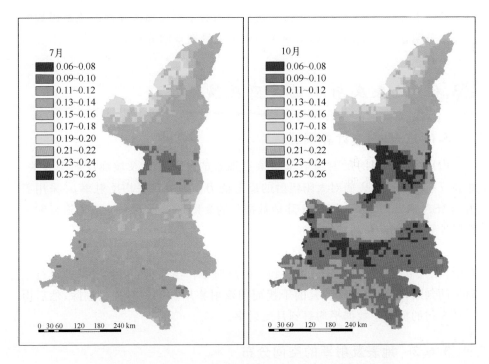

图 3. 17　1 月、4 月、7 月和 10 月地表反射率的空间分布图

北南部的北山的地表反射率的低值区。以 7 月的地表反射率的空间差异最小，1 月的地表反射率的空间差异最大，4 月和 10 月空间差异介于它们之间。各月地表反射率平均值以 10 月为最低。

3.7　小结

通过研究可以得到以下结论：

（1）考虑天空因素和地面因素对山地日照时间时空分布的影响，提出的山地日照时间分布式模拟的技术方案，实现了山地日照时间的分布式模拟，得到陕西山区可照时间和日照时间空间分布。全省年可照时间和日照时间呈现出北部高南部低的空间分布特征，地域差异很大，地形因子的影响非常明显，受山区地形本身和周围地形遮蔽的影响，表现出可照时间和日照时间的非地带性分布特征。各季可照时间和日照时间的空间分布差异明显，以夏季最长，变化差异最平缓，春秋季次之，冬季最短。在空间分布上，各季的可照时间和日照时间都是平地和山脊多、谷地少，南坡多、北坡少。

（2）局地地形对山区日照时间有一定影响，主要包括测点本身海拔高度、坡向、坡度及周围地形对测点遮蔽的影响。通过对不同地形下 1 月和 7 月的可照时间的对比分析,说明局地地形对山区可照时间的影响。重点分析了坡度和坡向对山区日照时间的影响,揭示了山区日照时间的局地分布规律。

(3)通过采用交叉验证和个例年验证方法进行模型验证,模型平均绝对误差分别为 7 h、4.9 h,平均相对误差绝对值分别为 4.2%、2.1%,模型的精度和稳定性均较好。

(4)通过山区天文辐射的分布式计算模型的计算模拟得到山区天文辐射空间分布,陕西省年天文辐射平均为 10644 MJ·m^{-2}。陕西南部平坦地区是天文辐射高值区,山区存在天文辐射的低值区;关中地区年天文辐射量的空间分布较均匀,区域差异不明显,陕北地区年天文辐射量最小。春季、夏季、秋季和冬季天文辐射量的空间分布特征和年天文辐射量的空间分布特征一致,具有明显的自南向北减少的分布特征,且夏季>春季>秋季>冬季。冬季地理、局地地形因子对天文辐射的影响最大,山脊和沟谷对比强烈;夏季影响最小,天文辐射的空间分布差异最小。

(5)利用数字高程模型对山地开阔度进行量化模拟,计算了起伏地形下中国地形开阔度的空间分布特征。地形开阔度分布规律和陕西省的地形表现是相一致的。地形开阔度数值最小的地区,主要分布在地形高度起伏大的秦岭山区;陕北南部地区高原地区,山地遮蔽仍然十分明显,但地形开阔度大于秦岭山区;汉中盆地、关中平原由于地形较平坦,地形开阔度值较大。

(6)陕西各月地表反射率以陕北北部的风沙区最高,秦巴山区和陕北南部的北山是地表反射率的低值区。

参考文献

傅抱璞.1983.山地气候[M].北京:科学出版社:51-84.

傅抱璞,虞静明,卢其尧.1996.山地气候资源与开发利用[M].南京:南京大学出版社:8-24.

李新.1996.利用数字地形模型计算复杂地形下的短波辐射平衡[J].冰川冻土,**18**(增刊):344-353.

李新,程国栋,陈贤章,等.1999.任意条件下太阳辐射模型的改进[J].科学通报,**44**(9):993-998.

李占清,翁笃鸣.1987.一个计算山地地形参数的计算机模式[J].地理学报,**42**(3):269-278.

李占清,翁笃鸣.1988a.坡面散射辐射的分布特征及其计算模式[J].气象学报,**46**(3):349-356.

李占清,翁笃鸣.1988b.丘陵山地总辐射的计算模式[J].气象学报,**46**(4):461-467.

邱新法.2003.起伏地形下太阳辐射分布式模型研究[D].南京:南京大学.

孙汉群.2005.坡面日照和天文辐射研究[M].南京:河海大学出版社.

孙汉群,傅抱璞.1996.坡面天文辐射总量的椭圆积分模式[J].地理学报,**51**(6):559-566.

翁笃鸣,陈万隆,沈觉成,等.1981.小气候和农田小气候[M].北京:农业出版社:116-123.

翁笃鸣,罗哲贤. 1990. 山区地形气候[M]. 北京：气象出版社:5-8.

翁笃鸣. 1997. 中国辐射气候[M]. 北京：气象出版社.

徐兴奎,刘素红. 2002. 中国地表月平均反射率的遥感反演[J]. 气象学报,**60**(2):215-220.

曾燕,邱新法,缪启龙,等. 2003. 起伏地形下我国可照时间的空间分布[J]. 自然科学进展,**13**(5): 545-548.

朱志辉,1988. 非水平面天文辐射的全球分布[J]. 中国科学(B辑),(10): 1100-1110.

左大康. 1990. 现代地理学词典[M]. 北京:商务印书馆.

左大康,周允华,项月琴,等. 1991. 地球表层辐射研究[M]. 北京:科学出版社.

Brown D G. 1994. Comparison of vegetation-topography relationships at the alpine treeline ecotone[J]. *Physical Geography*. **15**(2):125-145.

Dozier J, Frew J. 1990. Rapid calculation of terrain parameters for radiation modeling from digital elevation data[J]. *IEEE Transaction on Geoscience and Remote Sensing*, **28**(5): 963-969.

Dubayah R, Dozier J, Davis F W. 1990. Topographic distribution of clear sky radiation over the Konza Prairie, Kansas[J]. *Water Resources Research*, **36**(4): 679-690.

Hay J E, McKay D C. 1985. Estimating solar radiance on inclined surfaces: a review and assessment of methodologies[J]. *Int J Solar Energy*, **3**: 203-240.

Ryuzo Yokoyama, Michio Shirasawa, and Richard J P. 2002. Visualizing topography by openness: A new application of image processing to digital elevation models[J]. *Photogrammetric Engineering & Remote Sensing*, **68**, 257-265.

Iqbal M. 1983. An introduction to solar radiation[M]. Toronto Academic press: 303-307.

Kluch T H. 1979. Evaluation of models to predict insolation on surface[J]. *Solar Energy*, **23**,:111-119.

Kumar I, Skidmore A K, Knowles E. 1997. Modeling topographic variation in solar radiation in a GIS environment [J]. *International Journal of Geographic Information Science*. **11**:475-497.

Oliphant A J, Spronken-Smith R A, Sturman A P, et al. 2003. Spatial variability of surface radiation fluxes in mountainous terrain [J]. *J Appl Meteor*,**42**:113-128.

Revfeim K J A. 1978. A simple procedure for estimating global daily radiation on any surface [J]. *J Appl Meteor*, **17**: 1126-1131.

Roberto R,Renzo R. 1995. Distributed estimation of incoming direct solar radiation over a drainage basin[J]. *J of Hydrology*, **166**: 461-478.

第4章　山区直接辐射分布式模型

　　直接辐射是入射到地球表面的太阳总辐射的重要分量。在实际地形中,由于受坡地本身坡向、坡度以及周围地形之间相互遮蔽影响,使得坡地的实际可照时数有所减少,并导致太阳直接辐射的减小(翁笃鸣,罗哲贤,1990)。傅抱璞(1958;1962;1964;1983)对任意地形条件下太阳辐射进行了开创性的研究,他给出的计算坡地临界时角的公式和日照时段判断方法简化了山区太阳辐射计算,使得数值积分可以改用解析公式计算。Garnier and Ohmura (1968,1970)讨论了坡面直接辐射和总辐射的计算方法,Swift(1976)、Revfeim(1978,1982)在此基础上做了进一步研究。李怀瑾等(1981,1982)则提出了一种图解方法确定坡面上的辐射总量的方法。翁笃鸣等(1981)、翁笃鸣和罗哲贤(1990)、孙汉群(2005)、孙汉群和傅抱璞(1996)关于坡地太阳辐射的理论研究和区域性实验,为坡地太阳辐射计算提供了重要的理论基础。一些具有普适性的坡面太阳辐射计算模式(Liu and Jordan,1962;Hay,1979; Hay and Mckay,1985)得到了广泛应用。有关坡地上的直接辐射计算已经给出理论计算式(翁笃鸣等,1981),孙治安等(1990)计算了我国坡地太阳直接辐射分布特征。许多学者也进行了广泛的研究。在实际的山地中,因周围地形的不规则性,山区太阳直接辐射的计算相对比较复杂,一直是辐射研究中所探讨的重要内容之一。李占清等(1990)尝试着提出了一系列计算山地实际辐射场的方法。缪启龙等(1989)计算并绘制了我国亚热带东部山区太阳直接辐射的分布。山地太阳辐射估算需要考虑三方面基本问题:一是下垫面非均匀因素对山地太阳时空分布影响;二是天空因素对太阳辐射消减规律;三是依据坡面太阳辐射的不同形成机理分别建立模型。

　　本章是在第2章、第3章的研究基础上,将地形因素和天空因素对直接辐射时空分布的影响综合起来,依据坡面直接辐射的计算方法,在前人研究基础上,充分考虑三方面的影响,分别建立了更加完善的山地直接辐射分布式模型,依据此模型计算了实际地形下陕西省直接辐射的空间分布。

4.1 坡地上的直接辐射

坡地上的太阳直接辐射理论式可以写成：

$$S_{\alpha\beta} = S_m[\sinh_\theta\cos\alpha + \cosh_\theta\sin\alpha\cos(A-\beta)] \tag{4.1}$$

这里，S_m 为垂直于太阳光线面上的太阳直接辐射。

对任一坡地，其开始和终止日照的条件为 $S_{\alpha\beta}=0$，由此求得的时角便是坡地开始和终止日照的时角。利用天文学基本公式，可把(4.1)式改写成 $S_{\alpha\beta}$ 与时角 ω 的函数关系(翁笃鸣等，1981)，即

$$S_{\alpha\beta} = S_m[u\sin\delta + v\cos\delta\cos\omega + w\cos\delta\sin\omega] \tag{4.2}$$

其中，
$$u = \sin\varphi\cos\alpha - \cos\varphi\sin\alpha\cos\beta$$
$$v = \sin\varphi\sin\alpha\cos\beta + \cos\varphi\cos\alpha$$
$$w = \sin\alpha\sin\beta$$

如令 $S_{\alpha\beta}=0$，可解得

$$\cos\omega_s = \frac{-uv\,\mathrm{tg}\delta \pm w\sqrt{1-u^2(1+\mathrm{tg}^2\delta)}}{1-u^2}$$
$$\sin\omega_s = \frac{-uw\,\mathrm{tg}\delta \mp v\sqrt{1-u^2(1+\mathrm{tg}^2\delta)}}{1-u^2} \tag{4.3}$$

式中 ω_s 即为坡地开始或终止日照的时角。(4.3)式中第一式可确定 ω_s 两个根的绝对值，第二式确定两根符号。在求得坡地开始和终止日照时角 ω_1、ω_2 后，即可算出各坡地的可照时数。但因(4.3)式是一种几何解，在使用时还需考虑坡地实际条件。

鉴于(4.3)式的几何意义不直观，计算时需要考虑许多附加条件，使用起来有所不便。翁笃鸣(1979,1981)提出一种图解方法，可清楚的表示出坡地日照情况，并直接读出坡地开始和终止日照时角，且精度较高。

4.2 山地太阳直接辐射分布式模型

上一节讨论的是单一坡面上太阳直接辐射的计算情况。对于实际地形，到达坡地的太阳直接辐射除受坡地本身坡向、坡度的影响外，还要受周围地形的遮蔽作用。这种作用使得坡地的实际日照时间有所减少，并导致日太阳直接辐射量的减少。但由于地形起伏所造成的相互遮蔽影响，使得实际辐射量的计算变得非常复杂。

翁笃鸣(1990)给出了实际地形下坡地太阳直接辐射日平均通量密度 $\overline{S}'_{\alpha\beta}$ 的计算式：

$$\overline{S}'_{\alpha\beta} = f \cdot \overline{S}'_{0\alpha\beta} \tag{4.4}$$

式中，f 表示实际天空遮蔽度函数；

$\overline{S}'_{0\alpha\beta}$ 表示无大气影响下的实际地形下的太阳直接辐射日平均通量密度。

因此，我们仿照坡地太阳直接辐射的计算方法，提出山地太阳直接辐射 $Q_{b\alpha\beta}$ 的计算式为：

$$\frac{Q_{0\alpha\beta}}{Q_0} = \frac{Q_{b\alpha\beta}}{Q_b} \tag{4.5}$$

$$Q_{b\alpha\beta} = Q_{0\alpha\beta} \cdot \frac{Q_b}{Q_0} = Q_b \cdot \frac{Q_{0\alpha\beta}}{Q_0} = Q_b R_b = Q_{0\alpha\beta} \cdot \frac{Q_b}{Q} \cdot \frac{Q}{Q_0} = Q_{0\alpha\beta} f_b k_t = Q_{0\alpha\beta} k_b$$

$$\tag{4.6}$$

其中，

$Q_{0\alpha\beta}$ 为山区月天文辐射总量；由第 3 章 3.4.1 部分计算给出；

$Q_{b\alpha\beta}$ 为山区太阳直接辐射月总量；

$R_b = \dfrac{Q_{0\alpha\beta}}{Q_0}$ 转换因子，为山区月天文辐射与水平面月天文辐射之比，表示地形对太阳直接辐射的影响；

直接分量 f_b，由第 2 章 2.5.1 部分计算给出；

晴空指数 k_t，由第 2 章 2.4.1 部分计算给出。

集成以上各部分，即可得到山地太阳直接辐射的空间分布。在这个模型中，通过数值模拟山地天文辐射来反映地形因子（坡度、坡向以及地形遮蔽）对山区太阳直接辐射的影响；采用气象站太阳辐射和常规气象观测资料计算的直接分量 f_b 和晴空指数 k_t，来反映大气物理因子和气象因子对太阳直接辐射的影响。

4.3　山区直接辐射的时空分布特征

按照（4.6）式建立的山地太阳直接辐射分布式估算模型，分别计算了气候平均状况实际地形下陕西省各月太阳直接辐射的空间分布。直接辐射是天文辐射与天空因子共同作用的结果。图 4.1 和图 4.2 分别给出了气候平均状况下陕西省年及四季山地太阳直接辐射的空间分布。它反映了纬度、局地地形以及大气条件对直接辐射影响的综合结果。从图中可以看出：

陕西省山地太阳直接辐射在 $938 \sim 3754$ MJ·m^{-2} 之间，由于受气候和地形的重大影响，表现出明显的非地带性分布特征，总体上呈现出由北到南逐渐减少的趋势。其分布特点是：陕北长城沿线一带太阳直接辐射最丰富，是稳定的高值区，达到 $3100 \sim 3700$ MJ·m^{-2}；陕北南部地处黄土高原区，年直接辐射量为 $2500 \sim 3100$ MJ·m^{-2}；关中平原地形较为平坦，在 $2000 \sim 2500$ MJ·m^{-2} 之

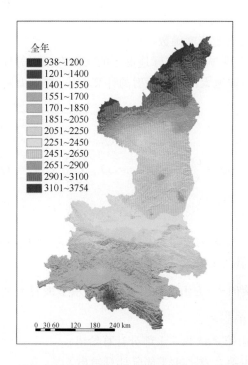

图 4.1　陕西山地年直接辐射空间分布图(单位：$MJ \cdot m^{-2}$)

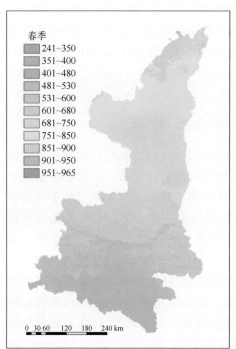

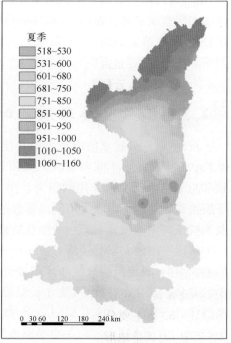

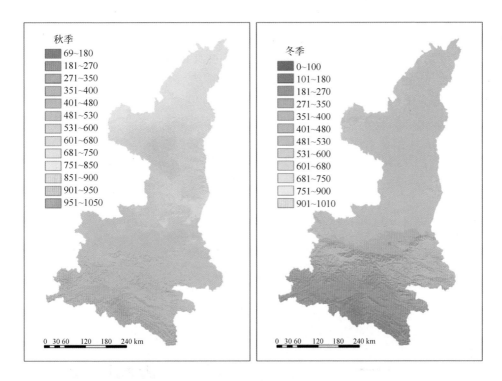

图 4.2 陕西山地四季直接辐射空间分布图（单位：MJ·m^{-2}）

间；秦岭山区由于地形起伏强烈以及周围地形遮蔽的影响，直接辐射量的空间差异比较显著；最南部大巴山区是全省太阳总辐射的低值区，为 1200～2000 MJ·m^{-2}。这主要是由于陕北地区气候干燥，云量偏少，空气干洁，而陕西南部气候湿润，水汽充足，云量多，造成直接辐射量小。就区域平均而言，陕西平均年直接辐射量为 2287 MJ·m^{-2}，最大值 3755 MJ·m^{-2}，最小值为 938 MJ·m^{-2}。

统计陕西省春季（3—5 月）、夏季（6—8 月）、秋季（9—11 月）及冬季（12 月、1—2 月）各季太阳直接辐射量。春季、夏季、秋季和冬季直接辐射量的空间分布特征和年直接辐射量的空间分布特征一致，具有明显的自北向南逐渐减少的分布特征，直接辐射量具有明显的季节变化。各季直接辐射量的大小依次为夏季＞春季＞秋季＞冬季，表现出四季分布的不对称性。

冬季，受天文辐射的影响，陕西省大部分地区的直接辐射量偏小，全省的太阳直接辐射量为全年最小，为 0～1010 MJ·m^{-2}，全省平均 352 MJ·m^{-2}。但直接辐射的高低中心配置与全年平均形势一致，直接辐射最小值均出现在秦巴山区谷地和黄土高原沟壑地带，其值一般在 200 MJ·m^{-2} 左右，高值区中心为 750 MJ·m^{-2}，主要分布在陕北北部。冬季太阳高度角较低，坡度、坡向的作用非常明显，尤其是地形坡向的决定性作用突出。冬季地形遮蔽作用最大，受山区地形本身和周围地形遮蔽的影响,强烈的影响了山区日照时间,使得山区直接辐射空间差异非常显著,形成谷地低值区和山脊高值区的强烈对比,秦巴山区、陕北南部高原和丘陵山地向阳坡与背阳坡直接辐射量的巨大差异(见图4.3),也体现了冬季地形作用的巨大。同时,由于大气环流的南北差异也明显的影响着直接辐射的空间分布特征。

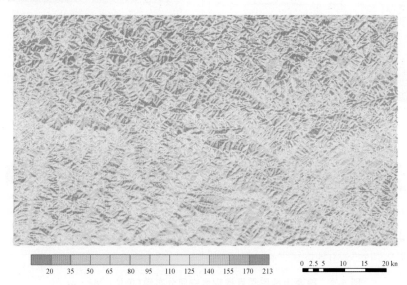

| 20 | 35 | 50 | 65 | 80 | 95 | 110 | 125 | 140 | 155 | 170 | 213 |

0 2.5 5   10   15   20 kn

图 4.3　秦岭山区 1 月气候平均直接辐射空间分布放大图(单位：MJ・m^{-2})

夏季,受天文辐射的影响,全省的太阳直接辐射量为全年最大,为 $518\sim 1160$ MJ・m^{-2},全省平均 842 MJ・m^{-2}。但直接辐射的高低中心配置与全年平均形势一致,直接辐射最小值均出现在秦巴山区谷地和黄土高原沟壑地带,高值区中心为 1050 MJ・m^{-2},主要分布在陕北北部。夏季太阳高度角较高,坡度、坡向和地形遮蔽作用的影响最小,相对来说,地形遮蔽程度的影响反而比较明显,表现出沟、谷地形的太阳直接辐射比较小,而山顶和山脊则较大。所有整体上看山区太阳直接辐射空间分布的差异最小,地形因子对直接辐射的影响与其他季节相比,相对不明显。更多反映出大气环流的南北差异对直接辐射的空间分布特征的影响,气象因子对各地直接辐射分布的影响是主要的。

春秋季,全省的太阳直接辐射量介于冬夏季之间,春季直接辐射量在 $241\sim 965$ MJ・m^{-2} 之间,平均为 617 MJ・m^{-2},秋季各地直接辐射量为 $69\sim 1050$ MJ・m^{-2},平均为 475 MJ・m^{-2}。但直接辐射的高低中心配置与全年平均形势一致,呈现出北高南低的分布特征。春季地形对直接辐射的影响小于秋季,大气环流差异对直接辐射的分布影响大于秋季,直接辐射的分布呈现出由南到北的带状分布;秋季地形对直接辐射的影响大于春季,南北大气条件差异小于春季,使得山区直接辐射空间分布中南部带状差异较小,局地地形的影响强于春季。

从各月直接辐射量的变化来看(表 4.1),7 月份平均直接辐射最高为 286 MJ·m^{-2};12 月份最小为 109 MJ·m^{-2}。由于受坡度、坡向和地形遮蔽的条件影响,各月山地总辐射表现出明显的非地带性分布特征,体现了地形因子对总辐射的影响随太阳高度角的变化而变化。

表 4.1 陕西省 1—12 月直接辐射特征统计(单位:MJ·m^{-2})

月份	1月	2月	3月	4月	5月	6月	7月	8月	9月	10月	11月	12月
最大值	364	315	309	311	373	402	397	360	341	364	346	349
最小值	0	0	30	77	93	100	99	90	61	17	0	0
平均值	118	125	157	200	259	282	286	274	189	161	125	109
标准差	46	44	48	45	52	56	40	31	49	51	45	44

4.4 小结

本章讨论了山地太阳直接辐射的计算方案,将天空因素和地形因素对直接辐射的影响综合起来考虑,建立了山地太阳直接辐射的分布式估算模型,分别计算陕西省各月气候平均直接辐射的空间分布,主要得出以下几点结论:

(1)分布式模型是实现山地太阳直接辐射模拟的核心技术。从山地天文辐射入手,以 DEM 数据作为地形的综合反映,是通过数值模拟,解决地形因子(坡向、坡度、地形遮蔽)对山地太阳直接辐射影响的重要手段;采用直接透射率 k_b 探讨大气中水汽、气溶胶、云等气象因子对太阳直接辐射的综合作用,是充分利用日射站和常规气象站水平面观测数据,解决大气因子对水平面直接辐射影响的有效手段。依据坡地太阳直接辐射机理,建立山地太阳直接辐射分布式计算模型,是综合考虑地形因子和大气因子对太阳直接辐射影响,实现山地太阳直接辐射模拟的核心技术。

(2)陕西省山地太阳直接辐射总体上呈现出由北到南逐渐减少的趋势,陕北北部太阳直接辐射最丰富,是稳定的高值区;最南部大巴山区是低值区,辐射资源一般。就区域平均而言,陕西平均年直接辐射量为 2287 MJ·m^{-2}。从季节变化看,夏季>春季>秋季>冬季,和天文辐射的变化是一致的。

(3)陕西省各月气候平均直接辐射的空间分布不同于天文辐射的空间变化,受坡向、坡度、地形之间的相互遮蔽作用等局地地形因子的影响,山区直接辐射有表现出非地带性分布特征,在冬季等太阳高度角较低的季节,局地地形因子的作用远较夏季等太阳高度角较高的季节明显。

参考文献

傅抱璞. 1958. 论坡地上的太阳辐射总量[J]. 南京大学学报(自然科学), (2): 47-82.

傅抱璞. 1962. 坡地方位对小气候的影响[J]. 气象学报, **32**(1): 71-86.

傅抱璞. 1964. 实际地形中辐射平衡各分量的计算[J]. 气象学报, **34**(1): 62-73.

傅抱璞. 1983. 山地气候[M]. 北京: 科学出版社: 51-84.

李怀瑾, 施永年. 1981. 非水平面日照强度和日射总量的计算方法[J]. 地理学报, **36**: 1.

李占清, 翁笃鸣. 1988. 丘陵山地总辐射的计算模式[J]. 气象学报, **46**(4): 461-468.

李占清, 翁笃鸣. 1990. 丘陵山区地面辐射场的数值模拟[J]. 南京气象学院学报, **13**(2): 184-193.

孙汉群, 傅抱璞. 1996. 坡面天文辐射总量的椭圆积分模式[J]. 地理学报, **51**(6): 559-566.

孙汉群. 2005. 坡面日照和天文辐射研究[M]. 南京: 河海大学出版社.

翁笃鸣. 1979. 用近似图解法计算遮蔽物对日照条件的影响[J]. 气象, 12.

翁笃鸣, 陈万隆, 沈觉成, 等. 1981. 小气候和农田小气候[M]. 北京: 农业出版社.

翁笃鸣, 罗哲贤. 1990. 山区地形气候[M]. 北京: 气象出版社.

Garnier B J, Ohmura A. 1968. A method of calculating the direct shortwave radiation income of slopes[J]. *J Appl Meteor*, **7**: 796-800.

Garnier B J, Ohmura A. 1970. The evaluation of surface variations in solar radiation income [J]. *Solar Energy*, **13**: 21-34.

Hay J E. 1979. Calculation of monthly mean solar radiation for horizontal and inclined surfaces [J]. *Solar Energy*, **23**(4): 301-307.

Hay J E, McKay D C. 1985. Estimating solar radiance on inclined surfaces: a review and assessment of methodologies[J]. *Int J Solar Energy*, **3**: 203-240.

Liu B Y H, Jordan R C. 1962. Daily insulation on surfaces tilted towards the equator [J]. *Trans ASHRAE*, **67**: 526-541.

Swift L W. 1976. Algorithm for solar radiation on mountain slopes[J]. *Water Resources Research*. **12**(1): 108-112.

Revfeim K J A. 1978. A simple procedure for estimating global daily radiation on any surface [J]. *J Appl Meteor*, **17**: 1126-1131.

Revfeim K J A. 1982. Simplified relationships for estimating solar radiation incident on any flat surface[J]. *Solar Energy*, **28**(6): 509-517.

第5章　山区散射辐射分布式模型

　　散射辐射是辐射研究中的一个基本而重要的分量,它在地表辐射平衡及其能量交换中扮演着重要的角色。因此,山区散射辐射的计算对于研究太阳辐射、陆面过程以及描述地表辐射平衡与能量交换过程具有十分重要的理论意义和应用价值。

　　近年来,散射辐射的计算方法得到了很大的发展。对于水平面散射辐射的计算及其基本特征问题已有大量的研究和比较可靠的计算方法(翁笃鸣,1997;Iqbal,1979),主要有经验模型(Liu,1960)和理论模型(Iqbal,1983)等计算形式。对于山区(坡地、山区)的辐射研究,大都由于受地形数据、计算手段等因素的限制,多是针对单一、无限长的坡面(倾斜面)进行的(Klucher,1979;翁笃鸣等,1990),而在山区,测点获得的散射辐射量除了要受到天文地理因子、气象因子、大气物理因子等的影响之外,还与测点的地形因子(如坡向、坡度以及周围地形之间的相互遮蔽等)有关,使得起伏地形下太阳散射辐射场的计算变得非常复杂。因此,了解和研究起伏地形下散射辐射场的特征和计算方法是辐射研究的难点。分布式模型由于可以清楚地考虑下垫面各向异性的复杂结构,为山地太阳散射辐射空间分布的研究提供了新的研究方法,有很多专家学者在这方面做了大量研究工作(Tian,2001;Oleg Antonić,1998)。李占清等(1988a;1988b)曾采用从地形图中直接读取 100 m×100 m 网格点高程的方法,描绘了 3 km×3.5 km 范围内山区太阳总辐射的分布,为解决地形对辐射的遮蔽影响问题做出了开创性的尝试。李新等(1999)尝试利用数字高程模型(DEM)计算山地辐射的理论研究和局部区域试验。起伏地形下,大范围内太阳散射辐射的空间分布研究成果不多见。

　　本文在以往研究工作的基础上,全面考虑了地形因子对散射辐射的影响,利用所建立的山地太阳散射辐射分布式模型,以 100 m×100 m 分辨率的数字高程模型(DEM)数据作为地形的综合反映,改进了地形遮蔽度的计算模型,并计算了陕西省范围内 1—12 月散射辐射的空间分布(100 m×100 m 分辨率),探讨了局部地形对陕西省散射辐射空间分布影响的基本规律。

5.1 坡面太阳散射辐射的计算

由天穹各点散射而到达坡地的辐射量,原则上是各不相同的,散射辐射复杂的产生机理,使得从理论上精确计算由天穹各散射点到达起伏地形下的散射辐射量是比较困难的(翁笃鸣,1997)。现有的坡地散射辐射计算模式有两类,即各向同性模式(Liu et al,1962)和各向异性模式(Hay,1979;1985)。

5.1.1 各向同性模式

这是一种最简单的理论估算模式,它建立在天穹散射各向同性的基础上。到达坡面的散射辐射量可表示为(翁笃鸣等,1981):

$$D_\alpha = \int_0^{2\pi} \int_{h(\varphi)}^{\pi/2} I_{h,\varphi} \cos i \cos h \, \mathrm{d}h \tag{5.1}$$

式中,$I_{h,\varphi}$ 为天穹任一质点的散射辐射强度;i 为散射光线的入射角;h 为散射质点的高度角;φ 为散射质点相对于坡地法线的方位角。有

$$\cos i = \cos\alpha\sin h + \sin\alpha\cos h\cos\varphi \tag{5.2}$$

在各向同性的假设下,$I_{h,\varphi}$ 可作为常数 I 从(5.1)式积分号后提出,于是可得出一些有意义的结论。

(1)对水平地面,$h(\varphi) = 0$,有

$$D_\alpha = I\int_0^{2\pi}\mathrm{d}\varphi\int_{h(\varphi)}^{\pi/2}\sin h\cos h \, \mathrm{d}h = \pi I \tag{5.3}$$

(2)对于某一坡前无遮挡的开阔坡地

$$D_\alpha = \frac{1}{2}\pi I_0(1+\cos\alpha) = \frac{1}{2}D_0(1+\cos\alpha) \tag{5.4}$$

(3)对于平行山脊中的某一坡地

$$D_\alpha = \frac{D_0}{2}\left[(\cos h_a + \cos h_b)\cos\alpha - (\sin h_a + \sin h_b)\sin\alpha\right] \tag{5.5}$$

这里 α 为测点所在的坡度,h_a、h_b 为由测点至 A、B 山脊的仰角,测点坡地位于任一山脊底下。如测点位于水平地面上,即 $\alpha = 0$,则有

$$D_\alpha = \frac{D_0}{2}(\cos h_a + \cos h_b) \tag{5.6}$$

由此可见,在各向同性假设下,各种遮蔽地段所获得散射辐射多少,完全取决于所测地点天穹的开阔程度,并随天穹能见面积扩大而增加。

5.1.2 各向异性模式

研究表明,按各向同性理论计算的坡地散射辐射与实际观测的结果出入是比较明显的。为此,许多学者提出多种计算坡地散射辐射的各向异性模式(李占清

等,1988;傅抱璞,1989;Temps R C and Coulson K L,1977;Klucher T H，1979)。翁笃鸣等(1981)曾利用安装在经纬仪上的天空辐射表，观测了不同斜面上的散射辐射,证实坡地散射辐射的各向异性特点;李占清等根据更多的试验观测资料揭示出坡地散射辐射的分布差异(李占清等,1988)。

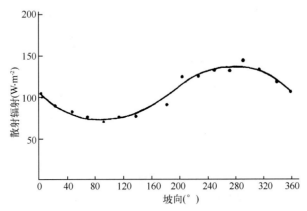

图 5.1　大别山坡面散射辐射随坡向的变化(翁笃鸣,1997)

图 5.1 给出坡度等于太阳天顶距时的坡面上的散射辐射随坡向的变化,当时的太阳方位角 A 为 270°。由图可见,坡面散射辐射随坡面与太阳的相对方位角($A-\beta$)的变化基本上呈余弦曲线,并可用下式表示。

$$D_{\alpha\beta} = \overline{D}_a + A_D\cos(A-\beta) \tag{5.7}$$

式中,$D_{\alpha\beta}$、$\overline{D}_a$ 分别为任一坡地与各坡向平均的散射辐射通量密度;A_D 为各坡向散射辐射的振幅。这表明环日散射是影响坡面散射辐射分布差异的决定性因素。

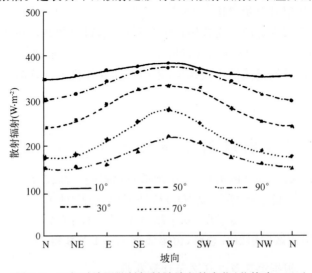

图 5.2　正午时坡面散射辐射随坡向的变化(翁笃鸣,1997)

图 5.2 给出了正午时各坡面散射辐射随坡向的变化。该图表明,坡向对坡面散射辐射分布的影响还受到坡度的附加作用。当坡度小于太阳高度角时,坡面散射辐射随坡向的变幅随坡度的增加而增加,反之,则随坡度增加而减少。

5.2 山区散射辐射的计算模型

5.2.1 山区各向同性模式

在假设天穹各散射点在各方向上的散射强度呈均匀分布的前提下,到达起伏地形下的散射辐射完全取决于测点的开阔度 V,起伏地形下散射辐射月总量 $Q_{da\beta}$ 的计算式为:

$$Q_{da\beta} = Q_d V \tag{5.8}$$

其中,Q_d 为水平面散射辐射月总量。

5.2.2 山区各向异性模式

在散射辐射各向异性的前提下,起伏地形中散射辐射的计算式为:

$$
\begin{aligned}
Q_{da\beta} &= Q_d \left[(Q_b/Q_0) R_b + V(1 - Q_b/Q_0) \right] \\
&= Q_d \left[f_b \cdot k_t \cdot R_b + V(1 - f_b \cdot k_t) \right]
\end{aligned}
\tag{5.9}
$$

其中,R_b 为起伏地形下天文辐射 $Q_{0a\beta}$ 与水平面天文辐射 Q_0 之比;Q_b 为水平面上太阳直接辐射月总量;f_b 为直接辐射分量(direct fraction),它是水平面直接辐射 Q_b 与水平面太阳总辐射 Q 之比;k_t 为晴空指数,为水平面太阳总辐射月总量与水平面天文辐射月总量之比。

不同的学者曾对这两个模式做过试验和比较,得出的结论也不尽相同(Ma and Iqbal,1983;Gopinathan,1990;Nijmeh,2000)。这里根据邱新法(2003)对各向同性和各向异性模式的比较结果,采用各向异性模式计算起伏地形下散射辐射的空间分布。

5.3 山区散射辐射分布式计算模型

在散射辐射各向异性的前提下,山地散射辐射的计算式为:

$$
\begin{aligned}
Q_{da\beta} &= Q_d \left[(Q_b/Q_0) R_b + V(1 - Q_b/Q_0) \right] \\
&= Q_d \left[f_b \cdot k_t \cdot R_b + V(1 - f_b \cdot k_t) \right]
\end{aligned}
\tag{5.10}
$$

其中,Q_d 为水平面散射辐射月总量,由第 2 章 2.5.1 节获得;

R_b 为 $\dfrac{Q_{0a\beta}}{Q_0}$,根据第 3 章 3.3.2 节计算获得;

f_b 为直接辐射分量,根据第 2 章 2.4.1 节计算获得;

k_t 为晴空指数,由第 2 章 2.3.1 节计算获得;

地形开阔度 V 由第 3 章 3.4.1 节计算获得。

5.3.1 山区散射辐射的时空分布特征

按照(5.10)式,分别计算了实际地形下陕西省 1－12 月气候平均散射辐射。

5.3.1.1 年散射辐射空间分布

图 5.3 为实际地形下陕西省气候平均年散射辐射的精细空间分布。陕西省山地太阳散射辐射在 817～3240 MJ·m^{-2} 之间,陕西平均年散射辐射量为 2231 MJ·m^{-2}。由于受地形开阔度的影响,表现出明显的非地带性分布特征。其分布特点是:关中平原和汉中盆地是陕西省稳定的高值中心,年散射辐射量在 2500～3200 MJ·m^{-2},这主要是由于这些地区地形平坦,地形开阔度接近于 1;陕西南部秦岭山区由于受地形起伏强烈,地形开阔度较小,是散射辐射量的小值区。山区太阳散射辐射量的空间差异比较显著,一些开阔度较大的山顶,散射辐射量较大,呈现出暖色调,而一些开阔度较小的沟谷地带,受周围地形遮

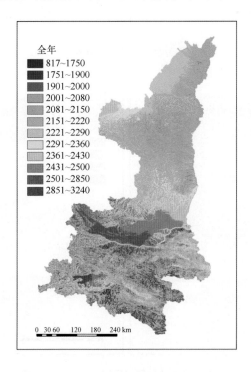

图 5.3 陕西省气候平均年散射辐射的空间分布 (MJ·m^{-2})

蔽的影响,散射辐射量严重偏低,散布着许多低值区,呈现冷色调,部分地区年散射辐射量不足 1000 MJ·m^{-2};陕北南部地处黄土高原区,由于地形起伏程度弱于秦岭山区但强于平原地区,地形开阔度略大于秦岭山区,受地形开阔度的影响,沟谷地的散射辐射也较低,部分地区年散射辐射量不足 2000 MJ·m^{-2};陕北北部地区由于地形较平坦,地形影响弱于南部地区,影响该地区的散射辐射的分布更多的是受气象因子影响明显些,但是由于该地区气候干燥,云量偏少,散射辐射量偏小,年散射辐射量在 2100～2300 MJ·m^{-2},低于关中平原。

5.3.1.2 月、季散射辐射空间分布

统计实际地形下陕西省春季(3—5月)、夏季(6—8月)、秋季(9—11月)及冬季(12月、1—2月)各季太阳散射辐射量(图 5.4)。春季、夏季、秋季和冬季散射辐射量的空间分布特征和年散射辐射量的空间分布特征一致,实际地形下陕西省各月气候平均散射辐射的空间分布差异明显,具有明显的季节变化。全省四季散射辐射量平均分别为:春季 698 MJ·m^{-2},夏季 713 MJ·m^{-2},秋季 456 MJ·m^{-2},冬季 363 MJ·m^{-2},以夏季最大,春秋季次之,冬季最小,表现出四季分布的不对称性。

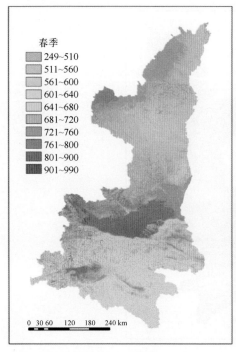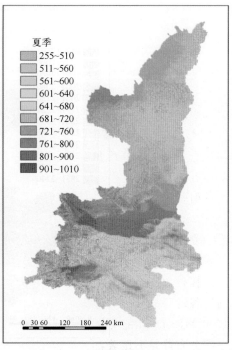

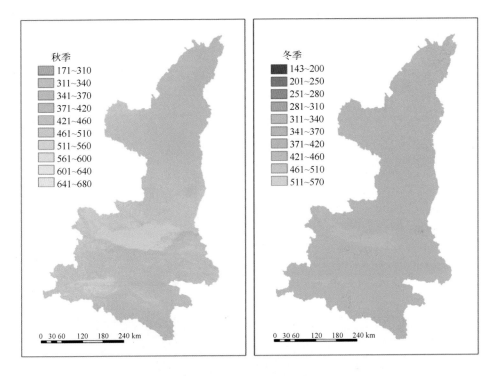

图 5.4 陕西省四季气候平均散射辐射空间分布(MJ·m^{-2})

冬季,受水平面散射辐射和地形开阔度的共同影响,陕西省大部分地区的散射辐射量偏小,全省的太阳散射辐射量为全年最小,为 143~570 MJ·m^{-2},全省平均 363 MJ·m^{-2}。但散射辐射的高低中心配置与全年平均形势一致,散射辐射最小值均出现在秦巴山区谷地和黄土高原沟壑地带,其值一般在 200~300 MJ·m^{-2}左右,高值区中心为 570 MJ·m^{-2},主要分布在关中平原和汉中盆地。冬季太阳高度角较低,坡度、坡向的作用非常明显,地形遮蔽作用最大,受山区地形本身和周围地形遮蔽的影响,强烈地影响了山区散射辐射,使得山区散射辐射空间差异非常显著,形成谷地和山脊低值区和高值区的强烈对比(见图 5.5)。

夏季,受水平面散射辐射和地形开阔度的共同影响,陕西省大部分地区的散射辐射量为全年最大,为 255~1012 MJ·m^{-2},全省平均 713 MJ·m^{-2}。但散射辐射的高低中心配置与全年平均形势一致,散射辐射最小值均出现在秦巴山区谷地和黄土高原沟壑地带,其值一般在 600 MJ·m^{-2}左右,高值区中心为 1000 MJ·m^{-2},主要分布在关中平原和汉中盆地。由于夏季水平面散射量的空间分布差异不显著,因此夏季山区太阳散射的分布主要受地形开阔度的影响,形成平地高值区和沟谷地低值区的强烈对比。

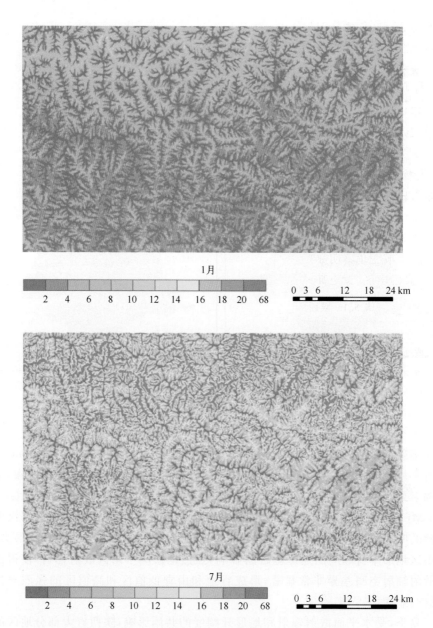

图 5.5　秦巴山区 1 月、7 月气候平均散射辐射空间分布图(单位:MJ·m^{-2})

春季,陕西省大部分地区的散射辐射量也较大,接近于夏季,为 249～990 MJ·m^{-2},全省平均 698 MJ·m^{-2}。但散射辐射的高低中心配置与全年平均形势一致,散射辐射最小值均出现在秦巴山区谷地和黄土高原沟壑地带,其值一般在 500 MJ·m^{-2}左右,高值区中心为 900 MJ·m^{-2},主要分布在关中平原和汉中盆地。春季水平面散射量的空间分布差异不显著,因此春季山区太阳散射的分布和夏季散射辐射量的空间分布一致,主要受地形开阔度的影响,形成平地高值区和沟谷地低值区的强烈对比。

秋季作为夏季和冬季的过渡季节,全省的太阳散射辐射量仅略高于冬季,为 $171 \sim 680$ MJ·m^{-2},全省平均 456 MJ·m^{-2}。但散射辐射的高低中心配置与全年平均形势一致,散射辐射最小值均出现在秦巴山区谷地和黄土高原沟壑地带,其值一般在 $300 \sim 400$ MJ·m^{-2} 左右,高值区中心为 600 MJ·m^{-2},主要分布在关中平原和汉中盆地。秋季太阳高度角较低,坡度、坡向的作用也较明显,地形遮蔽作用最大,强烈地影响了山区散射辐射,使得山区散射辐射空间差异非常显著,形成谷地和山脊低值区和高值区的强烈对比(见图 5.5)。

就全省平均而言,各月散射辐射量以 5 月最高,为 258 MJ·m^{-2};12 月最低,为 107 MJ·m^{-2}。但各月总体色调配置的空间格局变化不大(即高值区、低值区随季节变化不明显)。关中平原西部是高值区,汉中盆地、关中平原是次高值区;秦巴山区、黄土高原、丘陵地区的沟谷地是低值区(表 5.1)。

表 5.1　陕西省 1—12 月散射辐射特征统计(单位:MJ·m^{-2})

月份	1 月	2 月	3 月	4 月	5 月	6 月	7 月	8 月	9 月	10 月	11 月	12 月
最大值	189	208	290	337	361	348	344	319	264	231	182	177
最小值	47	52	73	85	91	88	87	81	67	58	46	44
平均值	117	138	201	237	258	245	243	223	183	154	117	107
标准差	15	14	18	21	23	20	20	18	16	15	13	14

5.4　小结

本章讨论了山地太阳散射辐射的计算方案,将天空因素和地形因素对散射辐射的影响综合起来考虑,全面考虑了坡面自身和周围地形的遮蔽影响,建立了山区太阳散射辐射的分布式估算模型,分别计算出陕西省各月气候平均散射辐射的空间分布。通过本章的研究,得出以下几点结论:

(1)陕西平均年散射辐射量为 2231 MJ·m^{-2},表现出明显的非地带性分布特征。关中平原西部是陕西省稳定的高值中心;陕北北部地区较关中平原略低;陕北南部地处黄土高原区,但受地形开阔度的影响,沟谷地的散射辐射也较低;陕西南部秦岭山区地形起伏强烈,地形开阔度较小,山区太阳散射辐射量较少,空间差异比较显著。

(2)陕西省各月气候平均散射辐射的空间分布差异明显,具有明显的季节变化。但各月总体色调配置的空间格局变化不大。关中平原西部是高值区,汉中盆地、关中平原是次高值区;秦巴山区、黄土高原、丘陵地区的沟谷地是低

值区。

（3）全省四季散射辐射量以夏季最大，春秋季次之，冬季最小，表现出四季分布的不对称性。

参考文献

傅抱璞. 1988.山地非各向同性的散射辐射计算模式,气候学研究—"天、地、生"相互影响问题[M].北京:气象出版社:388-400.

李新,程国栋,陈贤章,等. 1999.任意地形条件下太阳辐射模型的改进[J].科学通报,**44**(9):993-998.

李占清,翁笃鸣. 1987a.一个计算山地地形参数的计算模式[J].地理学报,**42**(3):269-278.

李占清,翁笃鸣. 1987b.一个计算山地日照时间的计算模式[J].科学通报,(17):1333-1335.

李占清,翁笃鸣. 1988.坡面散射辐射的分布特征及其计算模式[J].气象学报,**46**(3):349-356.

邱新法. 2003.起伏地形下太阳辐射分布式模型研究[D].南京:南京大学.

翁笃鸣,陈万隆,沈觉成,等.1981. 小气候和农田小气候[M].北京:农业出版社.

翁笃鸣,罗哲贤. 1990.山区地形气候[M]. 北京:气象出版社:5-8.

翁笃鸣.1997.中国辐射气候[M].北京:气象出版社.

Gopinathan K K. 1990. Solar radiation on inclined surfaces[J]. *Solar Energy*,**45**:19-25.

Hay J E. 1979. Calculation of monthly mean solar radiation for horizontal and inclined surfaces[J]. *Solar Energy*,**23**(4):301-307.

Hay J E, McKay D C. 1985. Estimating solar radiance on inclined surfaces: a review and assessment of methodologies[J]. *Int J Solar Energy*,**3**:203-240.

Iqbal M. 1979. Correlation of average diffuse and beam radiation with hours of bright sunshine[J]. *Solar Energy*,**23**(2):169-173.

Iqbal M. 1983. An introduction to solar radiation. Toronto:Academic press:303-307.

Klucher T M. 1979. Evaluation of models to predict insolation on tilted surfaces[J]. *Solar Energy*,**23**(2):111-114.

Liu B Y H, Jordan R C. 1960. The interrelationship and characteristic distribution of direct, diffuse and total solar radiation[J]. *Solar Energy*,**4**:1-19.

Liu B Y H, Jordan R C. 1962. Daily insulation on surfaces tilted towards the equator[J]. *Trans ASHRAE*,**67**:526-541.

Ma C, Iqbal M. 1983. Statistical comparison of models for estimating solar radiation on inclined surface[J]. *Solar Energy*,**31**:313-317.

Nijmeh S, Mamlook R. 2000. Testing of two models for computing global solar radiation on tilted surfaces[J]. *Renewable Energy*,**20**:75-81.

Oleg Antonić. 1998. Modeling daily topographic solar radiation without site-specific hourly radiation data[J]. *Ecological Modeling*, **113**: 31-40.

Temps R C,Coulson K L. 1977. Solar radiaton incident upon slope of different orientation in Granaga, Spain[J]. *Solar Energy*, **19**:179-184.

Klucher T H. 1979. Evaluation of models to predict insolation on surfacees[J]. *Solar Energy*, **23**:111-119.

Tian Y Q. 2001. Estimating solar radiation on slopes of arbitrary aspect[J]. *Agricultural and Forest Meteorology*, **109**(1):67-74.

第6章　山区地表反射辐射分布式模型

在山区,由周围山地反射而到达坡地的一部分辐射称之为地形反射辐射。它不仅受自身坡向、坡度的影响,而且还随着太阳位置的变化而变化。同时,在复杂地形中,产生反射辐射的周围地形也极其复杂,周围地形对坡元的遮蔽往往是交错重叠的,遮蔽视角等参数很难用数学公式描述。因此用解析公式计算坡元反射辐射往往是不现实的。实际地形中,测点获得的反射辐射量与该点地形的开阔度以及坡面反射率有关。由于计算的复杂性,在实际地形的太阳辐射计算中反射辐射常常被忽略(Dubayah and Rich,1995;李占清和翁笃鸣,1988;何洪林等,2003)。研究表明:地形起伏较大时,一些遮蔽度较大的点所获得的来自周围山地的反射辐射量相当大,甚至大于它所获得的天空散射辐射(李占清和翁笃鸣,1987)。

以前由于条件的限制,一般只能采用图解方法确定(傅抱璞,1958)。Iqbal(1979)给出了各向同性的坡前反射辐射模式;傅抱璞给出了几种理想地形中的反射辐射的理论计算式(傅抱璞,1983)。李占清(1987)提出了计算山区反射辐射的计算机模式,Dozier(1990)利用数字高程模型模拟地形观测因子,计算太阳反射辐射;李新(1999)借助 DEM 数据,提出利用形状因子计算周围地形对坡面的反射辐射的理论方法。

本章在以往研究工作的基础上,综合考虑地形因素和天空因素对地表反射辐射的影响,改进了地形遮蔽度的计算模型,建立山地地形反射辐射分布式模型,以 100 m×100 m 分辨率的数字高程模型(DEM)数据作为地形的综合反映,计算了陕西省范围内 1—12 月地形反射辐射的空间分布(100 m×100 m 分辨率),探讨局部地形对陕西省反射辐射空间分布影响的基本规律。

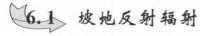 坡地反射辐射

坡地反射辐射可表示为:

$$S_{r\alpha\beta} = S_{\alpha\beta} a_{\alpha\beta} \qquad (6.1)$$

这里，$S_{r\alpha\beta}$ 表示坡地反射辐射；$S_{\alpha\beta}$ 表示为坡面总辐射；$a_{\alpha\beta}$ 表示坡面反射率。

坡面反射率如同水平面反射率一样，主要与其物理性质有关，包括湿度、粗糙度、颜色等。

6.2 山区地形反射辐射的计算模型

来自周围山地的反射辐射的理论计算式为(傅抱璞,1983)：

$$Q_{r\alpha\beta} = \int_0^{2\pi} \mathrm{d}\varphi \int_{h(\varphi)}^{h'(\varphi)} r'_{h,\varphi} \left[\sin\alpha\cos\varphi \cos^2 h + \cos\alpha\sin h\cos h \right] \qquad (6.2)$$

式中，$Q_{r\alpha\beta}$ 为山地地表反射辐射；$r'_{h,\varphi}$ 表示来自 φ 方位,仰角为 h 的周围的反射辐射。

$$r'_{h,\varphi} = \frac{1}{\pi} A_{h,\varphi} Q_{h,\varphi} \qquad (6.3)$$

原则上有了(6.2)和(6.3)式在理论上已解决了到达山区坡面的反射辐射计算问题。但是,实际情况要复杂得多。因为在山区地形中,四周地形对坡面的遮蔽往往是交错重叠的,根本无法用数学方法描述。所以实际计算时只能借助计算机进行数值积分。

来自周围山地的反射辐射采用 Iqbal(1983)推导的公式计算：

$$Q_{r\alpha\beta} = Q_t a_s (1 - V) \qquad (6.4)$$

其中，Q_t 为水平面总辐射量；a_s 为周围地区地表月平均反射率；V 为地形开阔度。用前面经过数值积分计算的地形开阔度来反映实际地形的遮蔽情况。

Q_t 由第 2 章 2.3.1 节计算给出；

a_s 由第 3 章 3.5.1 节计算给出；

地形开阔度 V 由第 3 章 3.4.1 节计算。

6.3 山区地形反射辐射的时空分布特征

按照(6.4)式,分别计算了实际地形下陕西省 $100\ \mathrm{m} \times 100\ \mathrm{m}$ 分辨率 1—12 月气候平均地形反射辐射。

图 6.1 为实际地形下陕西省年气候平均反射辐射量的精细空间分布。就区域平均而言,陕西平均年地形反射辐射量为 $46.2\ \mathrm{MJ \cdot m^{-2}}$,最大值 771.2 $\mathrm{MJ \cdot m^{-2}}$,最小值为 $0\ \mathrm{MJ \cdot m^{-2}}$。秦岭地区和陕南山区地形复杂,地形反射辐射量较高;陕北长城沿线为毛乌素沙漠地区另外关中平原地区地形也较平坦,地形遮蔽小,地形反射辐射量较低,地形反射辐射量几乎为零。

由于受地形遮蔽影响,表现出明显的非地带性分布特征。其分布特点是:陕北北部毛乌素沙漠边缘区、关中平原和汉中盆地由于地形平坦,地表反射辐射小,是稳定的低值中心;陕西南部秦岭山区由于受地形起伏强烈,地形开阔度较小等因素影响,山区太阳反射辐射量的空间差异比较显著,一些开阔度较小的山顶,来自周围地形的反射辐射量较大,呈现出暖色调,而一些开阔度较大的地带,受周围地形遮蔽的影响,来自周围地形的地表反射辐射量偏低,散布着许多低值区,呈现冷色调,部分地区年反射辐射量不足 150 MJ·m^{-2};陕北南部地处黄土高原区,由于地形起伏程度弱于秦岭山区但强于平原地区,但受地形开阔度的影响,许多区域来自周围地形的地表反射辐射也较低,部分地区年反射辐射量不足 100 MJ·m^{-2}。

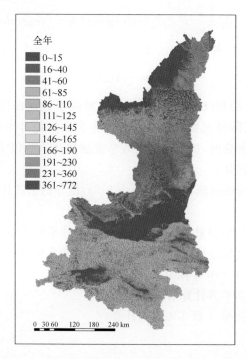

图 6.1 陕西省年气候平均地表反射辐射空间分布图(单位:MJ·m^{-2})

图 6.2 为实际地形下陕西省地表反射辐射春季(3—5月)、夏季(6—8月)、秋季(9—11月)及冬季(12月、1—2月)的精细空间分布图。实际地形下陕西省地表反射辐射四季分布差异明显。就全省平均而言,地表反射辐射量平均分别为:春季 13.6 MJ·m^{-2},夏季 15.7 MJ·m^{-2},秋季 8.2 MJ·m^{-2},冬季 7.5 MJ·m^{-2},以夏季最大,春秋季次之,冬季最小,表现出四季分布的不对称性。

冬季,实际地形下的地表反射辐射的空间分布和年分布趋势一致。由于受地形开阔度和水平面总辐射的共同影响,在陕北毛乌素沙漠边缘区、关中平原和汉中盆地等地形平坦区域,来自周围地形的地表反射辐射基本为 0,为低值区;而在黄土高原和秦巴山区等地形复杂地区,为地表反射辐射的高值区。受地

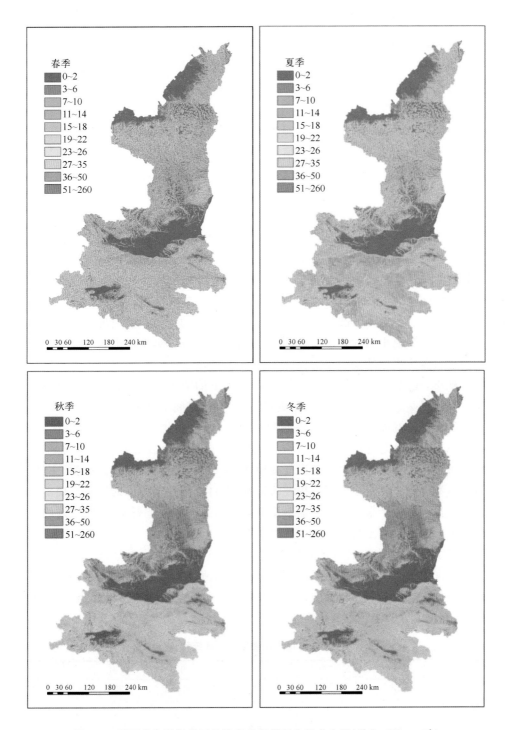

图 6.2　陕西省各季气候平均地表反射辐射空间分布图(单位:MJ · m⁻²)

形开阔度的影响,来自周围地形的反射辐射呈现出空间的差异性,但由于水平面总辐射在冬季最小,总体上地表反射辐射总量在四季中最小,总体呈现出冷色调分布。

夏季,实际地形下的地表反射辐射的空间分布和年分布趋势一致。由于受地形开阔度和水平面总辐射的共同影响,夏季水平面总辐射在四季中最大,因此,地表反射呈现出暖色调分布。在陕北毛乌素沙漠边缘区、关中平原和汉中盆地等地形平坦区域,来自周围地形的地表反射辐射为低值区;而在黄土高原和秦巴山区等地形复杂地区,是地表反射的高值区。在山区,受地形开阔度的影响,来自周围地形的反射辐射呈现出空间的差异性,由于秦巴山区的地形复杂程度远远高于黄土高原,秦巴山区的地表反射辐射也较黄土高原的地表反射辐射高。

春季,是冬季和夏季的过渡季,实际地形下的地表反射辐射的空间分布和年分布趋势一致,空间的色彩分布更接近于夏季,空间分布上亦呈现出暖色调分布。由于受地形开阔度和水平面总辐射的共同影响,在陕北毛乌素沙漠边缘区、关中平原和汉中盆地等地形平坦区域,来自周围地形的地表反射辐射为低值区;而在黄土高原和秦巴山区等地形复杂地区,是来自周围地形地表反射辐射的高值区。受地形开阔度的影响,来自周围地形的反射辐射呈现出空间的差异性。由于秦巴山区的地形复杂程度远远高于黄土高原,秦巴山区的地表反射辐射也较黄土高原的地表反射辐射高。

秋季,是夏季和冬季的过渡季,实际地形下的地表反射辐射的空间分布和年分布趋势一致,空间的色彩分布更接近于冬季,空间上基本呈现冷色调分布。由于受地形开阔度和水平面总辐射的共同影响,在陕北毛乌素沙漠边缘区、关中平原和汉中盆地等地形平坦区域,来自周围地形的地表反射辐射为低值区;而在黄土高原和秦巴山区等地形复杂地区,是地表反射的高值区。在黄土高原沟壑区和秦巴山区受地形复杂程度的影响,来自周围地形的反射辐射呈现出空间的差异性。由于秦巴山区的地形复杂程度远远高于黄土高原,秦巴山区的地表反射辐射也较黄土高原的地表反射辐射高。

就全省平均而言,各月地表反射辐射量以6月最高;11月最低。但各月总体色调配置的空间格局变化不大(即高值区、低值区随季节变化不明显)。平坦地区是低值区(关中平原、汉中盆地以及陕北北部沙漠过渡带);秦巴山区、黄土高原、丘陵地区的沟谷地是高值区(表6.1)。

表 6.1　陕西省 1—12 月地表反射辐射特征统计(单位:MJ·m^{-2})

月份	1月	2月	3月	4月	5月	6月	7月	8月	9月	10月	11月	12月
最大值	50	56	71	89	98	96	81	64	52	52	40	41
最小值	0	0	0	0	0	0	0	0	0	0	0	0
平均值	2.3	2.1	3.7	4.3	5.5	5.6	5.4	4.7	3.6	2.6	2.0	3.1
标准差	2.2	2.0	3.5	4.1	5.2	5.4	5.3	4.6	3.5	2.5	1.9	3.0

6.4 地表反射辐射局地分布规律

地形对反射辐射的影响非常大,不同的坡度和遮蔽度下其差异非常大。对于坡度比较小的坡地,反射辐射很小,一般可以忽略不计,但是在坡度较大,地形起伏强烈的地区,地形对反射辐射影响越大,高值中心大多出现在沟谷地。如地形复杂的秦巴山区和黄土高原地区由于巨大的地形作用,使得这里坡地上接收到周围地形的反射辐射较大,月最大达到 $50\sim80$ MJ·m^{-2}。受水平面总辐射的影响,夏季山区获得的周围地形反射最大,冬季获得的最小。

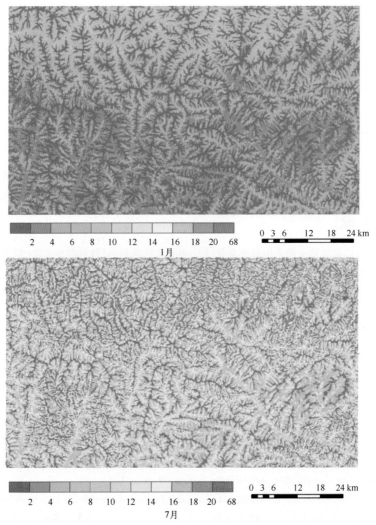

图 6.3　秦巴山区 1 月、7 月气候平均地形反射辐射空间分布图(单位:MJ·m^{-2})

6.5 小结

本章应用改进了地形开阔度的算法,全面考虑了坡面自身的遮蔽作用而没有考虑周围地形相互遮蔽影响,讨论了山地地形反射辐射的计算方案,建立了更加完善的地表反射辐射模型。综合考虑地形因素和天空因素对地表反射辐射的影响。同时,分别计算陕西省各月气候平均地形反射辐射的空间分布,主要得出以下几点结论:

(1)陕西平均年地形反射辐射量为 46.2 MJ·m^{-2},秦岭地区和陕南山区地形复杂,地形反射辐射量较高;陕北长城沿线地形遮蔽小,地形反射辐射量较低;另外关中平原地区地形较平坦,地形反射辐射量几乎为零。

(2)地表反射辐射四季分布差异明显,以夏季最大,春秋季次之,冬季最小,表现出四季分布的不对称性。就空间分布来看,汉中盆地以及陕北北部沙漠过渡带是低值区;关中平原是次高值区;秦巴山区、黄土高原、丘陵地区的沟谷地是高值区。

(3)地形对反射辐射的影响很大,不同的坡度和遮蔽度下其差异非常大。对于坡度较小的坡地,反射辐射很小,但是在坡度较大,地形起伏强烈的地区,地形对反射辐射影响则很大,高值中心大多出现在沟谷地。

参考文献

傅抱璞. 1958. 论坡地上的太阳辐射总量[J]. 南京大学学报(自然科学),(2):47-82.

傅抱璞. 1983. 山地气候[M]. 北京:科学出版社.

何洪林,于贵瑞,牛栋. 2003. 复杂地形条件下的太阳资源辐射计算方法研究[J]. 资源科学,**25**(1):78-85.

李新,程国栋,陈贤章,等. 1999. 任意地形条件下太阳辐射模型的改进[J]. 科学通报,**44**(9):993-998.

李占清,翁笃鸣. 1987. 山区短波反射辐射的计算模式[J]. 地理研究,**6**(3):42-48.

李占清,翁笃鸣. 1988. 丘陵山地总辐射的计算模式[J]. 气象学报,**46**(4):461-468.

Dozier J,Frew J. 1990. Rapid calculation of terrain parameters for radiation modeling from digital elevation data[J]. *IEEE Transaction on Geoscience and Remote Sensing*,**28**(5):963-969.

Dubayah R,Rich P M. 1995. Topographic solar radiation models for GIS[J]. *International Journal of Geographic information system*. **9**:405-413.

Iqbal M. 1979. Correlation of average diffuse and beam radiation with hours of bright sunshine[J]. *Solar Energy*,**23**(2):169-173.

Iqbal M. 1983. An introduction to Solar radiation[M]. Toronto:Academic Press;303-307.

第7章 山区总辐射分布式模型

太阳总辐射是地球生命活动的主要能源。在地表辐射交换中，是辐射能量的收入部分，对地表辐射平衡、地气能力交换，以及各地天气气候的形成具有决定性意义。但是，地形对总辐射的影响相当复杂，坡向、坡度、遮蔽度、海拔高度以及地表性质等对辐射均有影响(Liu and Scott，2001；Whitlock et al，1995；翁笃鸣等，1990；翁笃鸣，1997；傅抱璞，1983)。在山区，复杂的地形条件可使总辐射状况产生很大差异，继而引起山地温度、湿度、风状况等的不同，形成不同的小气候环境。因此，对山地总辐射分布状况的研究具有重要意义。

山地总辐射的推算归纳起来可分为两类：即不考虑周围地形影响的单一坡面上的总辐射推算问题和实际山地中的总辐射推算问题(Oliphant，2003；李新等，1999；傅抱璞，1983；Barry，1981)。由于山区地形的复杂性，大多数山区太阳总辐射模式都忽略地形反射辐射。

考虑地形因素的太阳辐射研究始于20世纪50年代。传统的辐射研究大多讨论单一、无限长坡面(倾斜面)上的太阳辐射计算问题。傅抱璞(1958；1962；1964；1983；1998)对任意地形条件下太阳辐射进行了开创性的研究，他给出的计算坡地临界时角的公式和日照时段判断方法，简化了山区太阳辐射计算，使得数值积分可以改用解析公式计算。Garnier and Ohmura (1968，1970)讨论坡面直接辐射和总辐射的计算方法，Swift(1976)、Revfeim(1978，1982)在此基础上做了进一步研究。李怀瑾等(1981)则提出了一种图解方法确定坡面上的辐射总量的方法。翁笃鸣等(1981，1990)、孙汉群(2005)、孙汉群和傅抱璞(1996)关于坡地太阳辐射的理论研究和区域性实验，为坡地太阳辐射计算提供了重要的理论基础。一些具有普适性的坡面太阳辐射计算模式(Liu and Jordan，1962；Hay，1979；Hay and Mckay，1985)得到了广泛应用。根据Garnier的坡面辐射计算方法，Williams et al(1972)、Dozier et al(1979)、Bocquet(1984)等人开发了一些计算山地辐射的计算机模式。李占清等(1987a，1987b，1988)曾采用从地形图中直接读取100 m×100 m分辨率的网格点高程的方法，描绘了 3 km×3.5 km 范围内山区太阳总辐射的分布,为解决地形对辐射的遮蔽影响问题做出了开创性的尝试。

山区太阳短波辐射问题是天文、大气、地理因素(宏观地理、局地地形)综合作用的结果。山地太阳辐射估算模型的根本目的是模拟局部地理因素(坡度、坡向、地形开阔度等)对太阳短波辐射的影响。在实际复杂地形下,太阳辐射深受地表复杂形态的影响。地形对太阳辐射的影响相当复杂,坡向、坡度、遮蔽度、海拔高度以及地表性质等对辐射均有影响(Brown,1994;Kumar et al,1997;翁笃鸣和罗哲贤,1990;傅抱璞,1983)。在山区,周围地形的遮蔽作用会强烈地影响局地可照时间的分布(Roberto and Renzo,1995;傅抱璞,1983;李占清和翁笃鸣,1987a;李占清,翁笃鸣,1987b;曾燕等,2003);不同坡面上太阳光线入射角的不同,使其接受的太阳辐射在地面上还存在一个重新分配的过程,从而形成复杂的太阳辐射空间分布。同时,随着太阳在天空中运行轨迹的变化,地形之间相互遮蔽影响也在不断地相应变化之中,使得山区太阳辐射的计算变得非常复杂。

本章综合考虑天空因子和地形因子对太阳总辐射的影响,建立山地太阳总辐射分布式计算模型,计算了陕西省 100 m×100 m 分辨率气候平均各月总辐射的空间分布,探讨局部地形对它们空间分布影响规律。

7.1 山区总辐射的计算模型

实际地形下,在分别算出起伏地形中的太阳直接辐射、散射辐射和来自周围山地的反射辐射之后,在山区太阳总辐射由三部分组成:

$$Q_{t\alpha\beta} = Q_{b\alpha\beta} + Q_{d\alpha\beta} + Q_{r\alpha\beta} \qquad (7.1)$$

其中,$Q_{t\alpha\beta}$ 表示山地太阳总辐射;$Q_{b\alpha\beta}$ 山地太阳直接辐射,由第四章 4.1 节计算给出;$Q_{d\alpha\beta}$ 山地太阳散射辐射,由第五章 5.1 节计算给出;$Q_{r\alpha\beta}$ 山地来自周围地形的地表反射辐射,由第六章 6.1 节计算给出。

7.2 山区总辐射的时空分布特征

在分别算出气候平均状况实际地形中的各月太阳直接辐射、散射辐射以及来自周围山地的反射辐射之后,就可得到气候平均状况实际地形下的各月总辐射。图 7.1 为陕西省山地年气候平均总辐射的空间分布。分别计算了实际地形下陕西省 100 m×100 m 分辨率 1—12 月气候平均总辐射。图 7.2 为气候平均四季总辐射的精细空间分布。

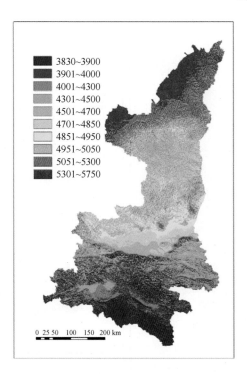

图 7.1　陕西省山地年气候平均总辐射空间分布图(单位:$\text{MJ} \cdot \text{m}^{-2}$)

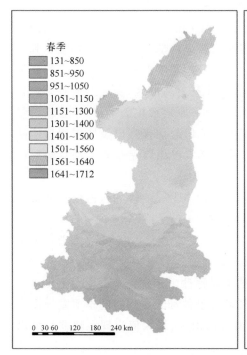

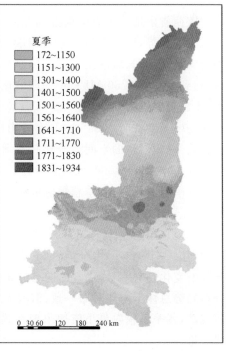

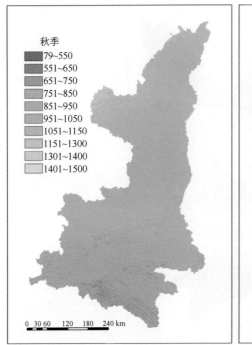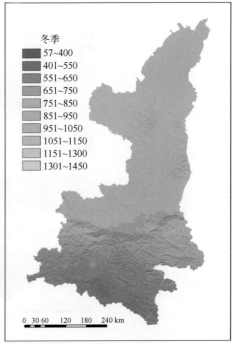

图 7.2　陕西省山地四季气候平均总辐射空间分布图（单位：MJ·m^{-2}）

　　陕西省山地太阳总辐射在 3830～5750 MJ·m^{-2} 之间，总体呈由北到南逐渐减少的趋势，由于受地形遮蔽影响，表现出明显的非地带性分布特征。其分布特点是：陕北长城沿线一带太阳总辐射最丰富，是陕西省总辐射稳定的高值区，达到 5300～5750 MJ·m^{-2}；陕北南部地处黄土高原区，受地形地貌影响较大，年总辐射量为 4000～5000 MJ·m^{-2}；关中平原地形较为平坦，年总辐射量在 4300～4800 MJ·m^{-2} 之间；秦岭山区由于地形起伏强烈以及周围地形遮蔽的影响，总辐射量的空间差异比较显著；最南部大巴山区是全省太阳总辐射的低值区，为 3830～4000 MJ·m^{-2}。

　　从季节变化看，春季总辐射量在 131～1712 MJ·m^{-2} 之间，占全年总辐射的 23%～34%；夏季总辐射量为 172～1934 MJ·m^{-2}，占全年的 30%～39%；秋季各地总辐射量为 79～1500 MJ·m^{-2}，占全年的 17%～23%，冬季总辐射量 57～1450 MJ·m^{-2}，占全年的 11%～19%。夏季＞春季＞秋季＞冬季，和天文辐射的变化趋势一致，表现出四季分布的不对称性。全省各季山地太阳总辐射分布趋势总体上与年分布一致，但因大气环流条件和天文辐射的季节差异而有所变动，各季总辐射最小值均出现在陕南大巴山区，最大值出现在陕北长城沿线一带。

冬季,全省各地总辐射量普遍降到全年最小,其中陕北长城沿线辐射量最高为 $850 \sim 1450$ MJ·m^{-2},渭北平原由于地势平坦,冬季总辐射量也较高,约为 $800 \sim 900$ MJ·m^{-2} 左右;陕南秦巴山地地势复杂,总辐射量较低,大部分为 $400 \sim 600$ MJ·m^{-2},冬季由于太阳高度角较低,地形的坡向作用和周围地形的遮蔽影响都较大,存在山谷、山脊和北坡、南坡总辐射的低值和高值配置,坡向的决定作用和地形的遮蔽作用在山谷山脊、南北坡的总辐射分布得到很好的体现。

夏季,全省各地总辐射量普遍升到全年最大,其值在 $172 \sim 1934$ MJ·m^{-2} 之间,占全年的 $30\% \sim 39\%$,高低中心配置与全年平均形势一致,最大值出现在陕北长城沿线,其值为 $1700 \sim 1900$ MJ·m^{-2},最小值出现在陕南大巴山区,其值一般在 1000 MJ·m^{-2} 左右。在夏季由于太阳高度角较高,黄土高原地形对总辐射的影响已经表现的很弱了,在地形较复杂的秦巴山区地形对总辐射的影响仍有体现,但也远远弱于冬季。总之,在夏季坡向对总辐射的决定作用体现的较弱,而地形的遮蔽作用仍有体现,在山谷多为低值中心,而在山脊和山顶则为高值中心。

春季,为冬季和夏季的过渡季,全省的总辐射量介于冬季和夏季之间,但更接近于夏季。全省总辐射高低中心配置与全年平均形势一致,高值区出现在陕北长城沿线,其值为 $1500 \sim 1650$ MJ·m^{-2},低值区出现在陕南大巴山区,其值一般在 900 MJ·m^{-2} 左右,但在沟壑区域总辐射更小。在春季地形对于总辐射的影响比较接近于夏季,但略强于夏季,黄土高原地形对总辐射的影响表现出一定的坡向的决定作用,在秦巴山区地形对总辐射的影响仍有体现,但也远远弱于冬季。总之,在春季坡向和地形遮蔽作用对总辐射影响都有一定的体现,但地形影响的作用仅仅强于夏季。

秋季,为夏季和冬季的过渡季,全省的总辐射量介于夏季和冬季之间,更接近于冬季。全省总辐射高低中心配置与全年平均形势一致,高值区出现在陕北长城沿线,其值为 $1300 \sim 1400$ MJ·m^{-2},低值区出现在陕南大巴山区,其值一般在 600 MJ·m^{-2} 左右,但在沟壑区域总辐射更小。在秋季地形对于总辐射的影响比较接近于冬季,但略弱于冬季,地形的坡向的决定作用和地形遮蔽影响都体现的较明显,尤其是在地形复杂的秦巴山区地形对总辐射的影响更强于黄土高原区域。

从各月变化来看,全省山地太阳总辐射的年内变化为单峰型,就全省平均而言,7 月份平均总辐射最高为 534 MJ·m^{-2};12 月份最小为 218 MJ·m^{-2};陕北年内太阳总辐射基本是 5 月或 6 月达到最大值;而关中和陕南地区的年内太阳总辐射则在 7 月最大。1 月、2 月、11 月、12 月太阳总辐射的分布存在两个高值地区,一是陕北北部,二是渭北北部。受坡度、坡向和地形遮蔽的条件影响,各月山地总辐射表现出明显的非地带性分布特征,尤其是秦岭地区,其值与当月陕南地区相近,体现了地形因子对总辐射的影响随太阳高度角的变化而变化。

表 7.1　陕西省 1—12 月总辐射特征统计(单位:MJ・m^{-2})

月份	1月	2月	3月	4月	5月	6月	7月	8月	9月	10月	11月	12月
最大值	516	467	526	572	659	669	663	601	524	523	493	493
最小值	17	26	32	37	57	57	60	53	38	23	14	15
平均值	237	266	362	442	523	532	534	502	376	318	244	218
标准差	50	46	54	54	64	62	48	38	51	51	49	48

7.3　局地地形对山区总辐射的影响

局地地形是影响山地太阳总辐射空间分布的重要因素。周围地形遮蔽、坡向和坡度等都对山区太阳总辐射的分布有影响,同时这种影响在不同季节的表现是不一致的。这里针对不同的地形因子,选用了不同月份网格点的平均值来分析其对山区太阳总辐射分布的影响。

7.3.1　太阳总辐射地形综合影响分析

为了分析局地地形对总辐射的影响,用以下计算值表征局地地形因子对总辐射的综合影响,生成图 7.3。

$$\Delta \text{总辐射量} = \left| \frac{\text{起伏地形总辐射量}}{\text{水平面总辐射量}} - 1 \right| \tag{7.2}$$

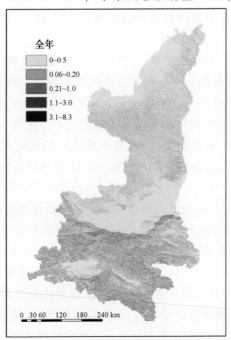

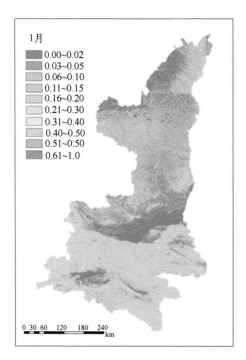

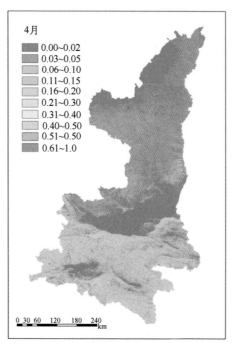

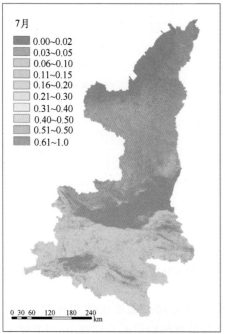

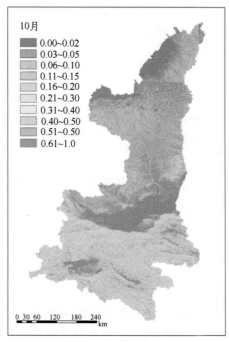

图 7.3　年、代表月局地地形对陕西气候平均总辐射量的影响分布图 (单位: MJ · m⁻²)

由陕西年气候平均总辐射量的影响分布图可见,在地形平坦的地区,如陕北毛乌素沙漠及关中平原地带,地形的影响很小可忽略,说明计算的起伏地形条件下总辐射量在地形平坦地区与水平面总辐射计算结果基本一致;但在地形起伏较大的山区,如秦巴山区,地形对总辐射的影响非常显著,影响指数均大于1,非地带性分布特征明显。

以1月、4月、7月和10月分别作为代表月,分析其局地地形对气候平均总辐射量的影响。从图中可以看出:四个月中局地地形影响指数均小于1,其影响程度大小依次为1月>10月>4月>7月。1月(冬季)太阳高度角较低,坡度、坡向、遮蔽等地形因子对总辐射影响较大,在陕北黄土高原、关中秦岭地区以及陕南山区,由于地形复杂,这种影响表现得非常显著;7月(夏季)太阳高度角较高,局地地形的影响依然存在,但相对较小;10月(秋季)和4月(春季)影响情况介于1月和7月之间,秋季局地地形的影响大于春季。

7.3.2 坡度的影响

对100 m×100 m分辨率的DEM进行坡度提取,研究区域的坡度主要在0°~63°范围内,将其每5°分为一个等级,分别讨论陕西年平均太阳总辐射、直接辐射和散射辐射随不同坡度变化的规律(图7.4)。结果表明:在研究区域,总辐射、直接辐射和散射辐射均随坡度的升高而缓慢减少;其中总辐射与直接辐射的减少趋势相仿,散射辐射在45°以下变化很小,在45°以上开始缓慢减少。

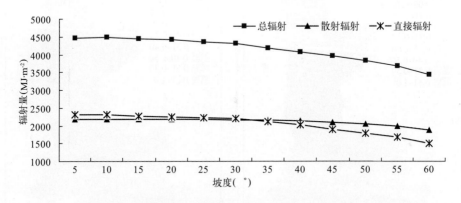

图7.4　总辐射、直接辐射和散射辐射随坡度的变化

以1月、7月作为冬夏季代表月,讨论山区总辐射随坡度的变化规律(图7.5)。1月,当坡度小于15°时,不同坡向上各坡度的辐射量差异较小;当坡度大于15°时,不同坡向上各坡度的辐射量差异逐渐增大,其中:南、东南和西南坡随着坡度的增加,总辐射量逐渐增加,以南坡增加趋势最为显著,但当坡度到达

50°以后,辐射量不再增加呈稳定趋势;而东、西、东北、西北和北坡的辐射量随着坡度增加呈线性减少趋势,其中北坡减少最为明显。

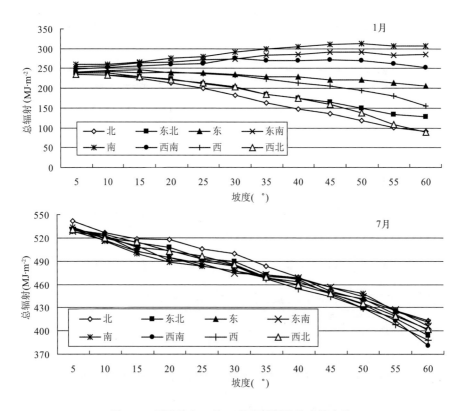

图 7.5　不同坡向 1 月、7 月总辐射随坡度的变化

与 1 月不同,7 月不同坡向上各坡度的总辐射量差异较小,且均随着坡度的增加呈线性减少趋势。因为在分析坡向、坡度对总辐射的影响中,无法分离出地形遮蔽的影响,因此上述结果中也包含了地形遮蔽的影响。

7.3.3　坡向的影响

图 7.6 给出了 1 月、7 月不同坡向总辐射、直接辐射和散射辐射的变化规律曲线。1 月,总辐射、直接辐射和散射辐射在各坡向的变化趋势大致相同,均为正南方向辐射量最大,偏北方向辐射量最小,各方向辐射量呈典型对称分布;7 月,太阳高度角较高,局地地形的影响相对较小,各坡向辐射量差异较小。

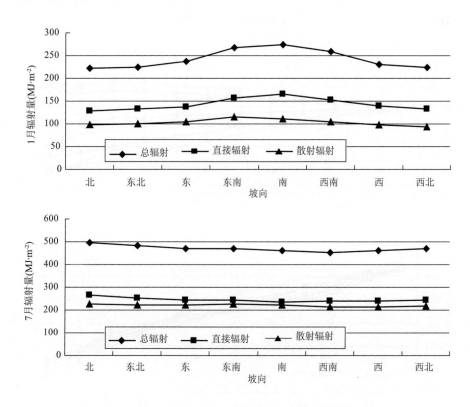

图 7.6 1 月和 7 月总辐射、直接辐射和散射辐射随坡向的变化

图 7.7 给出了 1 月和 7 月不同坡度日照时数随坡向变化曲线。其中,坡向是从正北开始,顺时针方向度量,即:正北为 $0°$,正东为 $90°$,正南为 $180°$,正西为 $270°$。1 月太阳高度角较低,当坡度较小时,坡向对总辐射的影响不太显著,随着坡度的增加,坡向效应非常明显,尤其当坡度大于 $30°$ 时,各坡向上的总辐射量存在显著差异。对于不同坡度上的太阳总辐射,均为南坡最大,北坡最小,辐射量约在 89～314 MJ·m^{-2},最大值约为最小值的 3 倍;东、西坡辐射量呈对称分布,反映出 1 月坡向对太阳辐射的决定性作用。

7 月太阳高度角较高,坡向对总辐射的影响远远小于 1 月。在同一坡度下,各个坡向日照总辐射差异总体较小,其中在坡度较高时,各坡向上的总辐射量存在一定差异,但在坡度较低的山地,这种差异更小。应该指出的是该结果没有剔除周围地形遮蔽的影响。

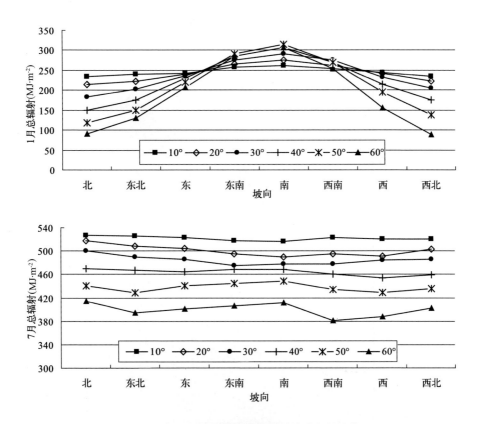

图 7.7　1 月、7 月不同坡度总辐射随坡向的变化

7.4　生长季总辐射空间分布

由各月山地太阳总辐射资料计算得到全省植被生长季(4—10 月)总辐射空间分布图(图 7.8),从图中可以看出:陕西省生长季总辐射与图 7.1 不符,其值为 350～4072 MJ·m⁻²,全省平均 3240 MJ·m⁻²,受地形地貌影响特征显著,总体上随着纬度降低自北向南逐渐减少。其中陕北长城沿线风沙区为生长季总辐射最高区,达到 3800～4072 MJ·m⁻²;陕北南部和延安地区生长季总辐射次高为 3400～3800 MJ·m⁻²;关中平原受地形影响较小,总辐射为 3200～3600 MJ·m⁻²;秦岭南麓浅山区受坡度、坡向及地形遮蔽的影响明显,空间差异比较显著,其值在 2600～3200 MJ·m⁻² 之间;陕南地区生长季总辐射量最低为 350～3200 MJ·m⁻²,其中汉江河谷一带相对较高为 3000～3200 MJ·m⁻²。生长季总辐射在山脊上的高值分布与山谷中的低值分布的强烈对比,明确反映了秦巴山区、黄土高原地形遮蔽作用的巨大;尤其是秦巴山地较黄土高原的地形起

伏更大,地形遮蔽作用更加明显,其生长季总辐射的空间分布差异最显著。

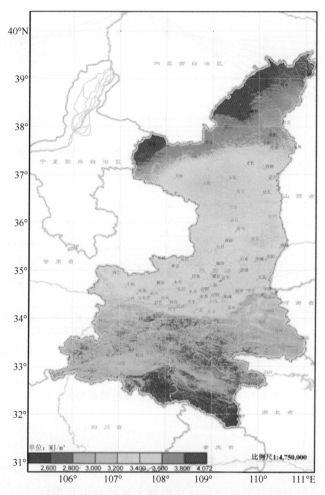

图 7.8　陕西省植被生长季山地总辐射空间分布图(单位:MJ·m^{-2})

7.5　日平均气温≥0℃、10℃期间全省山地太阳总辐射特征

　　通过全省各气象站 1981—2010 年的积温资料以及各站同期的月平均太阳总辐射资料,计算得到各气象站日平均气温≥0℃、5℃、10℃、15℃、20℃期间太阳总辐射量,并通过插值获得全省不同温度期间太阳总辐射空间分布图(图 7.9)。

　　全省各地日平均气温≥0℃期间的太阳总辐射在 479～4956 MJ·m^{-2}之间,最大值出现在关中平原地区 4400～4956 MJ·m^{-2},次高值区为陕北长城沿线风

沙区和汉中盆地为 $4200\sim4400$ MJ·m^{-2}，最小值出现在秦巴山地为 $479\sim3600$ MJ·m^{-2}，其次是陕北南部地区总辐射量较小为 $3200\sim3800$ MJ·m^{-2}。

全省各地日平均气温≥5℃期间的太阳总辐射在 $383\sim4226$ MJ·m^{-2} 之间，高值区分布在陕北长城沿线、关中东部和汉江河谷地区为 $3600\sim4226$ MJ·m^{-2}，陕北南部地区较高为 $3000\sim3600$ MJ·m^{-2}，最小值分布在秦巴山地为 $383\sim3400$ MJ·m^{-2}。

全省各地日平均气温≥10℃期间的太阳总辐射为 $316\sim3555$ MJ·m^{-2}，全省分布不均匀。关中东部地区太阳总辐射最高为 $3300\sim3555$ MJ·m^{-2}，陕北北部和汉江河谷地区次高为 $2900\sim3300$ MJ·m^{-2}；最小值出现在秦巴山地，受地形影响显著为 $316\sim2700$ MJ·m^{-2}，陕北南部次低为 $2500\sim2900$ MJ·m^{-2}。

全省各地日平均气温≥15℃期间的太阳总辐射为 $177\sim2860$ MJ·m^{-2} 之间，关中东部和汉江河谷地区太阳总辐射最高为 $2500\sim2860$ MJ·m^{-2}，陕北北部次高为 $2200\sim2600$ MJ·m^{-2}，陕北南部和秦巴山地最低为 $177\sim2300$ MJ·m^{-2}。

全省各地日平均气温≥20℃期间的太阳总辐射为 $35\sim2006$ MJ·m^{-2}，关中东部太阳总辐射最高为 $1400\sim2006$ MJ·m^{-2}，其次是以汉江河谷地区为中心的陕南大部次高为 $1200\sim1800$ MJ·m^{-2}，陕北西部地区最低为 $35\sim1000$ MJ·m^{-2}，陕北东部次低为 $1000\sim1600$ MJ·m^{-2}。

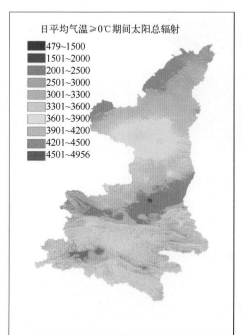

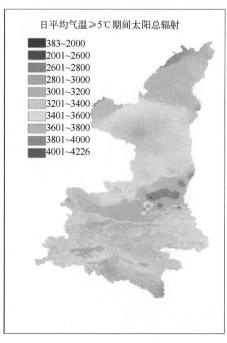

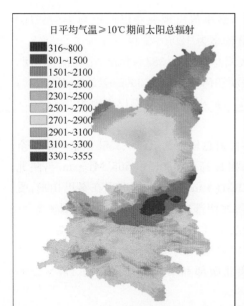

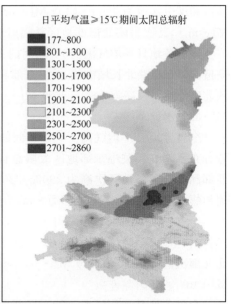

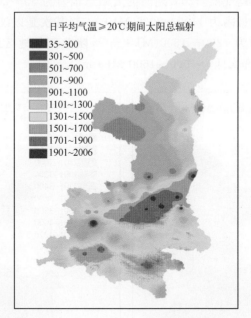

图7.9　日平均气温≥0℃、5℃、10℃、15℃、20℃期间太阳总辐射空间分布图（单位：MJ·m⁻²）

 小结

　　本章依据坡面太阳辐射的不同形成机理，将大气物理因子、气象因子和地

形因子结合起来,在分别建立山地太阳直接辐射、散射辐射和地表反射辐射的分布式计算模型的基础上,确定山地太阳总辐射分布式模型;依据模型计算了陕西省 100 m×100 m 分辨率下气候平均月、季、年总辐射,并对其时空分布特征进行详细分析,最后探讨了不同时间尺度下局地地形对太阳总辐射空间分布的影响规律。主要得出以下结论:

(1)充分考虑天空因素和地面因素对山地太阳各辐射分量时空分布的影响,提出了山地太阳总辐射分布式模拟的技术方案,实现了山地太阳总辐射的分布式模拟,具有普适性,适用于各类地区。该成果可作为基础地理数据,为温度等地表气象要素的定量空间扩展提供理论基础。

(2)陕西省山地太阳总辐射总体上呈现出由北到南逐渐减少的趋势,陕北北部太阳总辐射最丰富,是陕西省总辐射稳定的高值区;最南部大巴山区是陕西省太阳总辐射的低值区,辐射资源一般。由于受坡度、坡向和地形遮蔽的条件影响,山地总辐射表现出明显的非地带性分布特征,体现了地形因子对总辐射的影响随太阳高度角的变化而变化。

(3)局地地形对山区太阳总辐射的影响非常显著,尤其在冬季,太阳高度角较低,地形作用明显,山地太阳总辐射的局地差异很大,受不同坡向、坡度影响表现出强烈的非地带性分布特征;夏季相对于坡向来说,坡度对总辐射的影响较强;春、秋季则介于两者之间。

(4)从研究阶段向实际应用的转化和推广过程中,对于将计算的太阳辐射量转换为太阳能资源实际应用量值的方法研究、资源评估及应用服务等基础性研究工作,值得深入细致地开展研究,以满足太阳能资源大规模开发利用的需求。

参考文献

傅抱璞.1958.论坡地上的太阳辐射总量[J].南京大学学报(自然科学),2:23-46.

傅抱璞.1962.坡地方位对小气候的影响[J].气象学报,32(1):71-86.

傅抱璞.1964.实际地形中辐射平衡各分量的计算[J].气象学报,34(1):62-73.

傅抱璞.1983.山地气候[M].北京:科学出版社:51-84.

傅抱璞.1998.不同地形下辐射收支各分量的差异与变化[J].大气科学,2(2):178−190.

李怀瑾.施永年.1981.非水平面日照强度和日射总量的计算方法[J].地理学报,36:1.

李新.程国栋,陈贤章,等.1999.任意地形条件下太阳辐射模型的改进[J].科学通报,44(9):993-998.

李占清.翁笃鸣.1987a.一个计算山地地形参数的计算模式[J].地理学报,42(3):269-278.

李占清.翁笃鸣.1987b.一个计算山地日照时间的计算模式[J].科学通报,(17):1333-1335.

李占清.翁笃鸣.1988.丘陵山地总辐射的计算模式[J].气象学报,46(4):461-468.

孙汉群.2005.坡面日照和天文辐射研究[M].南京:河海大学出版社.

孙汉群,傅抱璞.1996.坡面天文辐射总量的椭圆积分模式[J].地理学报,**51**(6):559-566.

翁笃鸣.1997.中国辐射气候[M].北京:气象出版社.

翁笃鸣,陈万隆,沈觉成,等.1981.小气候和农田小气候[M].北京:农业出版社:
116-123.

翁笃鸣,罗哲贤.1990.山区地形气候.[M]北京:气象出版社:5-8.

翁笃鸣,孙治安,史兵.1990.中国坡地总辐射的计算和分析[J].气象科学,**10**(4):348-357.

曾燕,邱新法,缪启龙,等.2003.起伏地形下我国可照时间的空间分布[J].自然科学进展,
13(5):545-548.

Barry R G. 1981. Mountain weather and climate[J]. Methuen, London and New York:
66-73.

Bocquet G. 1984. Method of Study and Cartography of the Potential Sunny Periods in Moun-
tainous Areas[J]. *Journal of Climatology*, **1**(4):587-596.

Brown D G. 1994. Comparison of vegetation-topography relationships at the alpine treeline e-
cotone[J]. *Physical Geography*, **15**(2):125-145.

Dozier J, Qutcalt S I. 1979. An approach to energy balance simulation over rugged terrain
[J]. *Geograph Anal*, **11**:65-85.

Garnier B J, Ohmura A. 1968. A method of calculating the direct shortwave radiation income
of slopes[J]. *J Appl Meteor*, **7**:796-800.

Garnier, B J., Ohmura, A. 1970. The evaluation of surface variations in solar radiation in-
come[J]. *Solar Energy*, **13**:21-34.

Hay J E. 1979. Calculation of monthly mean solar radiation for horizontal and inclined sur-
faces[J]. *Solar Energy*, **23**(4):301-307.

Hay J E, McKay D C. 1985. Estimating solar radiance on inclined surfaces: a review and as-
sessment of methodologies[J]. *Int J Solar Energy*, **3**:203-240.

Kumar I, Skidmore A K, Knowles E. 1997. Modeling topographic variation in solar radiation
in a GIS environment[J]. *International Journal of Geographic Information Science*,
11:475-497.

Liu B Y H, Jordan R C. 1962. Daily insulation on surfaces tilted towards the equator[J].
Trans ASHRAE, **67**:526-541.

Liu D L, Scott B J. 2001. Estimation of solar radiation in Australia from rainfall and temper-
ature observations[J]. *Agricultural and Forest Meteorology*, **106**:41-59.

Oliphant A J, Spronken-Smith R A, Sturman A P, et al. 2003. Spatial variability of surface
radiation fluxes in mountainous terrain[J]. *J Appl Meteor*, **42**:113-128.

Revfeim K J A. 1978. A simple procedure for estimating global daily radiation on any surface
[J]. *J Appl Meteor*, **17**:1126-1131.

Revfeim K J A. 1982. Simplified relationships for estimating solar radiation incident on any
flat surface[J]. *Solar Energy*, **28**(6):509-517.

Roberto R，Renzo R. 1995. Distributed estimation of incoming direct solar radiation over a drainage basin[J]. *J of Hydrology*，**166**：461-478.

Whitlock C H，Charlock T P，Staylor W F，et al. 1995. First global WCRP shortwave surface radiation budget dataset[J]. *Bull Amer Metero Soc*，**76**：905-922.

Williams L D，Barry R G，Andrews J T. 1972. Application of computed global radiation for areas of high relief[J]. *Journal of Applied Meteorology*，(11)：526-533.

第8章　山区太阳短波辐射的形成机理

在山区,到达坡地上的太阳短波辐射除了受坡地本身坡向、坡度影响外,还要受到周围各种地形之间的相互遮蔽,造成了太阳短波辐射在山区复杂的再分配过程。本章主要讨论局地地形因子对山地短波辐射的形成机理,深入分析山地太阳辐射受地理、坡度、坡向等局地地形因子对太阳短波辐射影响的变化规律(图8.1)。

8.1　研究思路

研究山区太阳辐射的形成机理,重点讨论局地地形因素对太阳短波辐射的影响规律,本章系统地研究下垫面非均匀因素对山地太阳辐射的影响,探讨山地太阳短波辐射的形成机理,揭示局地地形因子对山地太阳直接辐射的影响随

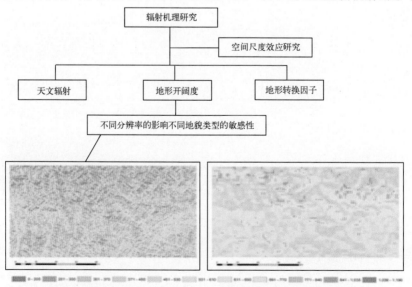

图 8.1　研究局地地形因子对山区短波辐射影响机理技术路线

季节、纬度、坡度、坡向等因素的变化规律;从不同地貌类型和不同空间尺度两个方面,全面讨论了不同 DEM 分辨率数据对山区天文辐射、地形开阔度和转换因子计算的影响,阐明山地太阳辐射随地貌和 DEM 空间分辨率的变化规律(图 8.1)。

8.2 地形因子对山区直接辐射的影响规律

8.2.1 转换因子的空间分布

局地地形是影响山地太阳直接辐射空间分布的另一重要因素。根据第 4 章 4.1 节所述,转换因子 $R_b = \dfrac{H_{0\alpha\beta}}{H_0} = \dfrac{H_{b\alpha\beta}}{H_b}$(山地天文辐射与水平面天文辐射之比)是描述地形对太阳直接辐射影响的综合指标(左大康等,1991),可体现地形对太阳直接辐射的影响程度。依据第 2 章的计算结果,绘制陕西省 R_b 的空间分布图,分析局地地形对太阳直接辐射的影响规律。

图 8.2 分别给出了陕西省 1 月、4 月、7 月、10 月 R_b 的空间分布。图 8.3 是 1 月秦岭山区 R_b 的空间分布图。由此可以看出:

在 $100\ \mathrm{m} \times 100\ \mathrm{m}$ 的格网分辨率下,所计算的山地太阳短波辐射能够充分体现坡度、坡向、地形相互遮蔽等局地地形对太阳直接辐射的影响。

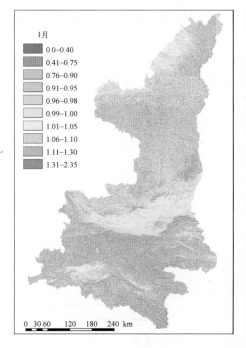

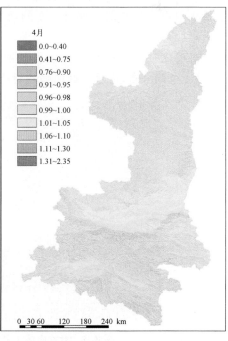

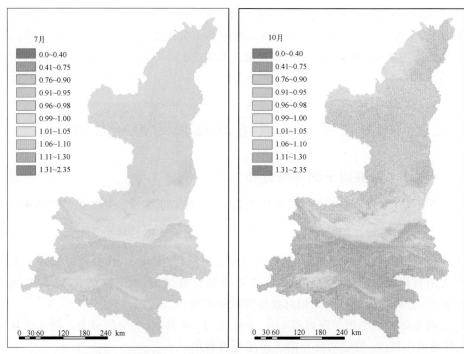

图 8.2　陕西省 1 月、4 月、7 月、10 月转换因子的空间分布图

　　在冬季,由于太阳高度角较低,地形对直接辐射的影响非常强烈,坡面最大直接辐射可为平地的 2.35 倍,不同地形下直接辐射的空间差异非常之大。山区阴阳坡直接辐射差异对比强烈:偏南坡 R_b 明显大于 1,呈暖色调分布,因此获得的直接辐射比平地多,而偏北坡情况恰恰相反,其获得的直接辐射要比平地少,呈冷色调分布,冷暖色调的强烈对比反映出坡向的决定性作用(图 8.3)。

图 8.3　秦岭山区 1 月转换因子的空间分布图

在夏季,由于太阳高度角较高,地形对直接辐射的影响较弱,全省大部分地区转换因子接近于1,即不同坡向获得的太阳直接辐射与平地基本相当。夏季坡向对太阳直接辐射的影响不明显,地形遮蔽作用对太阳直接辐射的影响也弱于冬季。在秦巴山区,由于地形起伏程度强烈,地形遮蔽等局地地形因子对直接辐射的影响依然存在。

图8.4给出了全年各月 R_b 空间分布的统计特征,反映了 R_b 的时间变化规律:越靠近冬季月份,地形对太阳直接辐射的影响变得越来越强烈和突出,不同地形下 R_b 的极端差异也越来越大,且秋季(9月、10月、11月)影响要比春季(3月、4月、5月)略大;四季中地形对太阳直接辐射影响的程度为冬季>秋季>春季>夏季;全年中地形影响相对小一些的月份为4—8月。

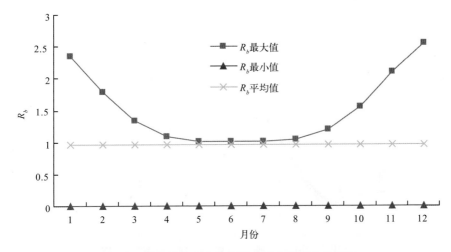

图 8.4　陕西省各月转换因子空间分特征布统计图

8.2.2　转换因子 R_b 的变化规律

为了进一步分析地理、地形因子对直接辐射影响的程度,根据 100 m × 100 m 分辨率陕西省辐射计算结果,绘制出 R_b 随季节、纬度、坡度、坡向的变化规律曲线。其中,坡向是从正南开始,顺时针方向度量,即:正南为 0°,正西为 90°,正北为 180°,正东为 -90°。

图8.5给出了纬度为33°N时,坡度为10°不同月份 R_b 随坡向变化曲线。图中,1月 R_b 随坡向的变化幅度最大,10月次之,而7月 R_b 的变化最平缓。这表明在冬半年,太阳直接辐射量受坡向影响差异最大。1月份,偏南坡 R_b 明显大于1,因此其获得的直接辐射量比平地要多,而偏北坡情况恰好相反,其获得的直接辐射量比平地要少;10月份与1月份类似,但 R_b 受坡向影响的程度要比1月份弱,4月份则更弱;7月份 R_b 接近于1,即不同坡向获得的直接辐射量与

平地基本相当。由各曲线交汇点可以看出,东坡和西坡 R_b 基本接近于 1,因此其全年获得的直接辐射量均与平地差别不大。

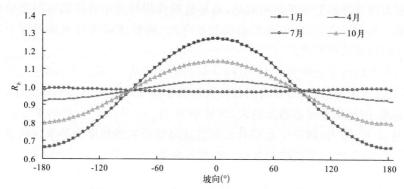

图 8.5 不同季节 R_b 随坡向的变化规律曲线

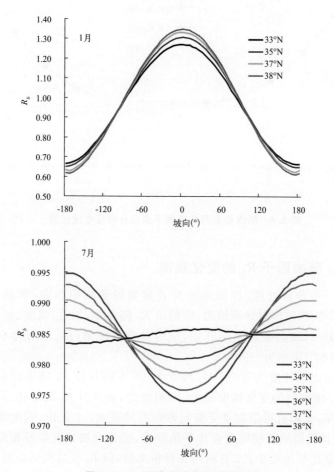

图 8.6 R_b 随纬度的变化规律曲线

图 8.6 分别给出了 1 月和 7 月坡度为 $10°$ 的不同纬度 R_b 随坡向变化曲线。可看出，在 1 月，随着纬度从 $33°N$ 增加到 $38°N$，R_b 受坡向影响的程度呈逐渐增加趋势，表明冬季高纬山区直接太阳辐射受坡向的影响强于低纬地区。在 7 月，随着纬度的增加，R_b 受坡向的影响程度逐渐减弱。

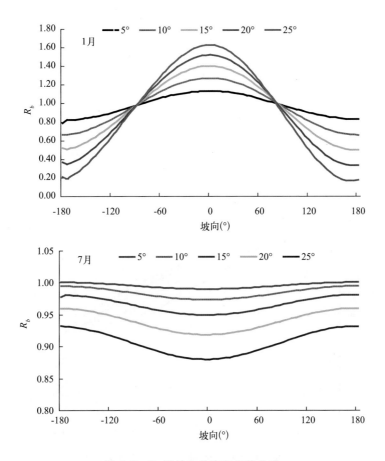

图 8.7 R_b 随坡向的变化规律曲线

图 8.7 给出了 1 月和 7 月纬度为 $33°N$ 不同坡度 R_b 随坡向变化曲线。可看出，在 1 月和 7 月，随着坡度从 $5°$ 逐渐增加到 $25°$，R_b 受坡向影响的程度都呈现逐渐增强的趋势，但是，在 7 月随着坡度的增加，R_b 的变化幅度远远小于 1 月，尤其是坡度小于 $10°$ 的情况。这也充分说明了在冬季，太阳直接辐射受坡向的影响比较明显，反映出坡向的决定性作用；而夏季，坡向的作用不明显。

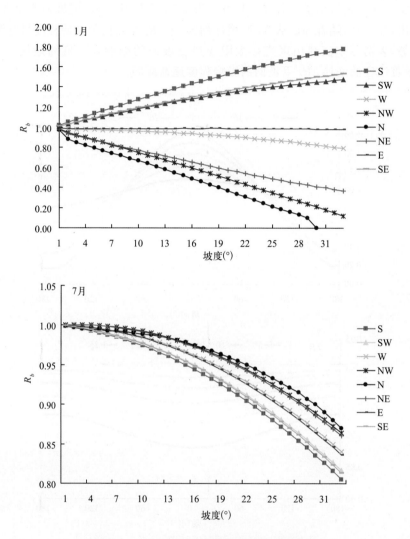

图8.8　不同坡向 R_b 随坡度的变化规律曲线

　　图8.8分别是1月和7月纬度为33°N时不同坡向 R_b 随坡度变化曲线。可看出，在1月份，南坡、东南坡、西南坡 R_b 均大于1，即：其获得的辐射量要高于平地，并且随着坡度的增加，R_b 逐渐增大；北坡、东北坡、西北坡 R_b 均小于1，即：其获得的辐射量要小于平地，并且随着坡度的增加，R_b 呈逐渐减小趋势；东坡、西坡 R_b 均接近于1，即：其获得的辐射量与平地相当，充分体现山区太阳直接辐射不同坡向差异显著，尤其是南北坡向的差异随着坡度的增加逐渐增大。而在7月份，所有坡向的 R_b 均<1，并且都随着坡度的增加，R_b 呈减小趋势，但变化的振幅较小。

8.3 太阳短波辐射空间尺度效应研究

国内外关于山地太阳辐射估算的研究很多,但是不同分辨率对模型计算结果之间的差异探讨关注的较少。国外学者(Daniel et al,1999)、张勇等(2005)对山区日照时间的空间尺度效应进行了研究。但是,缺乏不同 DEM 分辨率对山地太阳短波辐射的计算影响的系统性研究。

DEM 栅格分辨率的大小,在很大程度上影响了地形描述的精度,也是空间尺度效应和不确定性产生的重要原因之一。高分辨率的 DEM 数据能够更好地拟合真实地表面,误差相对较小,分辨率较低的 DEM 数据对地表的概括程度更高,误差相对较大。由 DEM 数据空间尺度变化引起对地形地貌描述变化的效应,给山地地形开阔度的计算带来不确定性。因为起伏地形下的地形遮蔽主要考虑邻近栅格之间的高程差异造成的地形遮蔽影响。因此,采用 100 m 和 1000 m 分辨率 DEM 数据来分析山区太阳短波辐射计算的空间尺度效应。

不同地貌类型,由于它们的相对高差和地面破碎程度不同,造成的地形遮蔽效应不同,必然造成山区太阳短波辐射的变化。将从不同地貌类型的太阳短波辐射空间尺度效应进行对比分析。

本节利用 100 m 和 1000 m 两个分辨率 DEM 数据分别从山地天文辐射、地形开阔度、转换因子等三方面分析山地太阳辐射随地形地貌和空间分辨率变化规律。

8.3.1 山区天文辐射的空间尺度效应研究

8.3.1.1 山区天文辐射的地形效应

地面天文辐射的地形效应是指由于地形起伏造成地形遮蔽影响而引起天文辐射的变化。不同的地貌类型,由于他们的坡度、相对高差和地面破碎程度不同,造成地形遮蔽效应不同,就必然造成天文辐射量大小的变化。在所研究区域选取关中平原、黄土高原和秦巴山区样区,它们分别代表了平原、高原和山区等典型地貌类型。统计各个样区的地面平均坡度、相对高度差(它们都从不同侧面反映一定的地貌类型)和 7 月平均天文辐射量(表 8.1)。通过分析这两者与对应区域的平均天文辐射量之间的关系,就可以很好的解释不同地貌类型对地面天文辐射量所造成的地形效应。随样区地貌类型从平坦平原地区逐步过渡到起伏较大的山区,各样区的平均坡度和相对高差都呈上升趋势,地形遮蔽效应逐步增大,造成地面天文辐射量呈减小趋势,这说明其地形效应是随着从平原到山区的变化而逐步增大的,天文辐射的地形效应以秦岭山区的最明显,黄土高原次之,关中平原最小。

表 8.1　100 m 分辨率下样区平均坡度、相对高度差和 7 月平均天文辐射量

	关中平原*	黄土高原	秦巴山区
平均坡度（°）	0.53	7.96	21.55
相对高差（m）	527	737	2390
平均天文辐射量（MJ·m⁻²）	1265	1242	1155

* 由于所选样区面积较大，造成关中平原样区西部覆盖少部分山区地貌，造成相对高差较大。

8.3.1.2　山地天文辐射空间尺度效应研究

地面天文辐射的空间尺度效应是指由于描述地形的 DEM 数据分辨率（空间尺度）变化造成地形描述变化而引起的实际地形条件下地表天文辐射变化的效应。

DEM 栅格分辨率的大小，在很大程度上影响了地形描述的精度，也是空间尺度效应和不确定性产生的重要原因之一。高分辨率的 DEM 数据能够更好地拟合真实地表面，误差相对较小，分辨率较低的 DEM 数据对地表的概括程度更高，因而误差相对较大。由 DEM 数据空间尺度变化引起对地形地貌描述变化的效应，给山地天文辐射的计算带来不确定性。

（1）DEM 数据空间尺度的变化引起地形描述的变化

图 8.9 是由 1000 m、100 m、25 m 三个不同分辨率的陕西省 DEM 数据提取的各级别的坡度所占面积百分比。可以看出，随着比例尺分辨率的逐渐减小，坡度逐渐变缓，地形形态被简化，尤其到 1000 m 分辨率时，陕西省区域近80%的地形坡度都在 5°之内，大于 15°的区域不足研究区域的 10%，此分辨率下的地形描述是高度概括，地形的破碎化程度低，主要反映一些比较大的地形效应，空间差异不显著；在 100 m 分辨率下，坡度都在 5°之内地形占近 50%，37%的地形坡度都在 10°~20°，10°~20°坡度等级面积增加，地形的破碎化程度较高，更体现了小尺度地形因子的影响，对地形的描述趋于真实；在 25 m 分辨率下，坡度都在 5°之内地形占 22%，17%的地形坡度都在 10°~20°，37%的地形坡度都在20°~35°，在此分辨率下的地形描述更加精细，地形的破碎化程度最高，能够更好地体现真实的地表情况。同时，在 1000 m、100 m、25 m 三个不同分辨率的陕西省 DEM 数据提取的海拔高度差分别是 3300 m、3500 m 和 3900 m。这些参数的变化同时还会影响地形遮蔽的变化，在分辨率较高的 DEM 数据地形描述更复杂，各点遮蔽情况就比分辨率的 DEM 数据反映的显著，对天文辐射的计算影响更强烈。

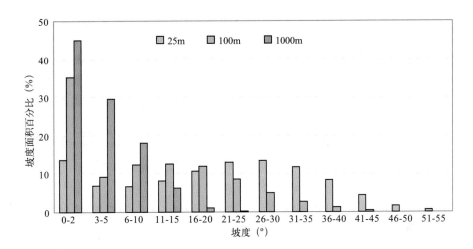

图 8.9　不同空间尺度下各坡度等级所占面积百分比

在研究区域中选取黄土高原、秦巴山区样区,分别利用该样区 1∶100 万、1∶25万和1∶5 万的 DEM 数据,即 1000 m、100 m、25 m 三个不同分辨率的 DEM 数据,统计各样区的地面平均坡度、相对高度差等随 DEM 数据分辨率的变化情况,分析 DEM 数据空间尺度的变化是如何引起基础地理数据和派生数据的变化(表8.2)。

表 8.2 的统计数据表明,随着 DEM 空间分辨率由 1000 m 逐渐增高到 25 m,无论是黄土高原样区还是秦巴山区样区的平均坡度和高度差都呈逐渐增加的趋势,而且以秦巴山区增加的趋势更显著,这充分反映出地形遮蔽效应随地形数据分辨率的增高而迅速增大的变化趋势。这说明 DEM 数据本身存在空间尺度效应,并且这种效应在秦岭山区的表现大于黄土高原。

表 8.2　样区不同分辨率下平均坡度、相对高度差的统计特征

分辨率(m)	平均坡度(°)		相对高差(m)	
	黄土高原	秦巴山区	黄土高原	秦巴山区
1000	1.58	8.55	674	2164
100	7.96	21.55	737	2390
25	15.19	25.96	796	2492

(2)机理分析

山区地形对天文辐射的影响主要包括两个方面:一是周围地形遮蔽的影响;二是坡度、坡向影响。其中,地形遮蔽的影响最为重要,其次是坡向和坡度的影响。

孙汉群(2005)系统研究了单一倾斜面天文辐射总量随坡向、坡度变化的分布规律。研究均表明,冬半年各月(11月、12月、1月、2月)坡面平均天文辐射日总量随坡向的分布基本呈单峰型(倒 V 型),从南坡开始向东西坡直到北坡,坡面平均天文辐射日总量逐渐减少,南坡和偏南坡获得的天文辐射量多。

夏半年各月(4—8月)坡面平均天文辐射日总量随坡向的分布基本呈 V 型和双峰型,纬度较低时为 V 型,纬度较高时为双峰型。V 型分布,坡面平均天文辐射日总量先随坡向的增加而减少(南北坡以东的坡面),再随坡向的增加而增加(南北坡以西的坡面);双峰型分布则是在南、北之间存在两个平均天文辐射日总量最大的坡向。

全年和过渡月(3月、9月、10月)坡面平均天文辐射日总量随坡向的分布基本呈 V 型和双峰型,随着纬度和坡度的增大,双峰型逐渐向单峰型转变。

在北半球中低纬度,冬季和秋季各月(1—3月、9—12月)的坡面平均天文辐射日总量,南坡或偏南坡先随坡度的增大而增加,再随坡度的增大而减少,北坡和偏北坡的坡面平均天文辐射日总量则随坡度的增大而减少;4—8月,中低纬度的北坡和偏北坡先随坡度的增大而增加,再随坡度的增大而减少,而南坡和偏南坡的坡面平均天文辐射日总量则随坡度的增大而减少。

但这仅仅考虑了单一坡面自身遮蔽的影响,没有考虑周围其他地形的遮蔽影响。

8.3.1.3 山地天文辐射的空间尺度效应分析

由上节分析表明,DEM 数据本身具有明显的空间尺度效应。这种效应又对山区地面天文辐射的计算造成怎样的影响呢?同时,对于不同地貌类型,它们的地面天文辐射的空间尺度效应又是如何变化的呢?这里利用 100 m 和 1000 m 两个分辨率 DEM 数据来分析山地天文辐射的空间尺度效应的变化规律。

(1)山地天文辐射不同空间分辨率的空间尺度效应分析

分别用 1000 m 和 100 m 分辨率 DEM 数据计算实际地形下陕西省 1 月、7 月天文辐射的计算结果统计如表 8.3。通过比较可以看出随着 DEM 空间分辨率由 1000 m 提高到 100 m,天文辐射平均值有逐渐变小的趋势;随着分辨率的降低,区域天文辐射最小值变大,造成区域平均天文辐射变大,反映了地形遮蔽效应随栅格尺寸变大(分辨率降低)而迅速减弱的变化趋势。

出现这种结果的主要原因就是上节分析的 DEM 数据本身对分辨率的敏感性,在对起伏地形尤其是山区的描述中,存在着明显的空间尺度效应。高分辨率的 DEM 数据,能够更好地拟合真实的地表,地形之间的遮蔽效应表现的更明显,相邻栅格之间的高程差异造成的地形遮蔽影响可照时间,从而影响天文辐射量的计算,造成 100 m 分辨率下计算的天文辐射量低于 1000 m 分辨率下计算的天文辐射量。

1 月,最大值与最小值的极值都在 100 m 分辨率上,表明 100 m 分辨率 DEM 数据更能体现局地地形效应。1000 m 分辨率格网太粗,许多局地效应被平滑掉了,不能反映极值情况。7 月,不同分辨率的计算结果差别大的是天文辐射的最小值,影响山区天文辐射的主要因子是地形遮蔽作用。1000 m 分辨率的 DEM 数据对地形遮蔽效应的描述能力弱,因此,反映了地形遮蔽效应随栅格尺寸变大(分辨率降低)而迅速减弱的变化趋势。

表 8.3　不同分辨率下陕西省 1 月、7 月天文辐射量统计特征表(MJ·m^{-2})

	DEM 分辨率	最大值	最小值	平均值
1 月	100 m	1210	0	537
	1000 m	947	58	553
7 月	100 m	1268	0	1225
	1000 m	1269	1063	1258

(2)不同地貌类型的山地天文辐射的空间尺度效应分析

表 8.4 是两个样区在不同分辨率下计算的 1 月、7 月天文辐射量的统计表。对其各月天文辐射平均值分别求差,即用 1000 m 分辨率数据减去 100 m 数据,得到各样区在不同空间分辨率下天文辐射的差值:1 月份秦岭山区 34 MJ·m^{-2},黄土高原 11 MJ·m^{-2};7 月秦岭山区 82 MJ·m^{-2},黄土高原 23 MJ·m^{-2}。秦岭山区的不同空间分辨率下天文辐射的差值均大于黄土高原,表明秦岭山区地面天文辐射的空间尺度效应强于黄土高原地面天文辐射的空间尺度效应。

秦岭山区和黄土高原样本的 100 m 分辨率地形计算的天文辐射低于 1000 m 分辨率地形的计算值,主要是这两方面的原因:一是,5.2 节的分析表明,地面天文辐射存在着地形效应,随着地貌类型从平原逐步过渡到山区的变化,地面天文辐射量的地形效应是逐步增大的,秦岭山区天文辐射的地形效应大于黄土高原;二是,DEM 数据本身空间尺度效应决定了地面天文辐射的空间尺度效应,并且这种空间尺度效应是秦岭山区大于黄土高原。因此,100 m 分辨率下形起伏程度和地形的遮蔽程度都强于 1000 m 分辨率下的地形描述,100 m 分辨率地形计算的天文辐射低于 1000 m 分辨率地形的计算值,并且秦岭山区其地形起伏程度、地形的遮蔽效应强于黄土高原,这种差值表现的更明显。

图 8.10 为 100 m 和 1000 m 分辨率下秦岭山区 1 月天文辐射空间分布图。冬季局地地形因子对天文辐射的影响很大,100 m 分辨率下天文辐射最大值和最小值均大于 1000 m 分辨率下的天文辐射,表明 1000 m 分辨率的 DEM 数据对地表的概括程度更高,许多局部特性被平滑,地貌越破碎,这种平滑作用就越明显,空间尺度效应越明显。100 m DEM 数据能够反映出小尺度地形因子的局部特征。

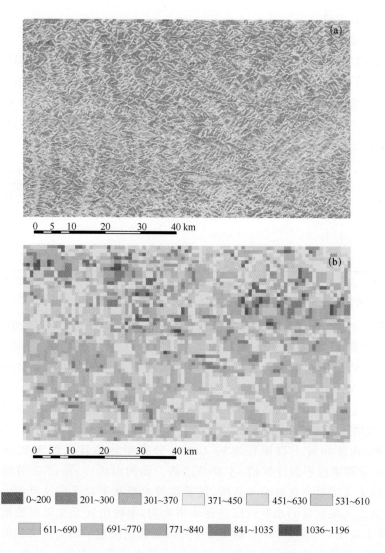

图8.10　100 m(a)、1000 m(b)分辨率下秦岭山区1月天文辐射空间分布(单位:MJ·m⁻²)

表8.4　天文辐射不同地貌在不同分辨率下计算结果统计特征表(单位:MJ·m⁻²)

	月份	100 m			1000 m		
		最大值	最小值	平均值	最大值	最小值	平均值
秦岭山区	1月	1196	0	540	920	204	574
黄土高原		1057	0	518	626	437	529
秦岭山区	7月	1268	24	1156	1268	1126	1238
黄土高原		1269	936	1243	1269	1252	1266

8.3.2　山区地形开阔度的空间尺度效应研究

8.3.2.1　不同空间分辨率的空间尺度效应分析

DEM 栅格分辨率的大小,在很大程度上影响了地形描述的精度,也是空间尺度效应和不确定性产生的重要原因之一。高分辨率的 DEM 数据能够更好地拟合真实地表面,误差相对较小,分辨率较低的 DEM 数据对地表的概括程度更高,误差相对较大。由 DEM 数据空间尺度变化引起对地形地貌描述变化的效应,给起伏地形下地形开阔度的计算带来不确定性。因为起伏地形下的地形遮蔽主要考虑邻近栅格之间的高程差异造成的地形遮蔽影响。因此,我们采用不同空间分辨率 DEM 数据来分析地形开阔度的空间尺度效应。

选取具有秦巴山地、黄土高原等复杂地形的陕西省(北纬 $31°42'\sim39°35'$,东经 $105°29'\sim111°15'$)作为样区,以 $100 \text{ m}\times100 \text{ m}$ 分辨率的 DEM 数据计算了陕西省地形开阔度的空间分布(图 8.11－图 8.12),计算过程中,遮蔽范围半径 R 取 20 km。在 $100 \text{ m}\times100 \text{ m}$ 格网分辨率下,地形起伏对地形开阔度的遮蔽影响表现得更为显著,山区地形开阔度的空间分布差异明显,孤立山峰地形开阔度出现极大值和山谷中地形开阔度出现极小值的空间分布配置特征,使起伏地形之间的相互遮蔽作用得以充分体现。并将其和 $1000 \text{ m}\times1000 \text{ m}$ 分辨率下的陕西地形开阔度进行比较分析(表 8.5)。

表 8.5　陕西省不同分辨率地形开阔度计算结果统计特征表

分辨率空间尺度(m)	V 最小值	V 最大值	平均值
100	0.0	1.30	0.91
1000	0.72	1.08	0.96

通过比较可以看出随着数字高程模型空间分辨率的不断提高,地形开阔度平均值有逐渐变小的趋势;随着分辨率的降低,区域地形开阔度最小值变大,造成区域平均地形开阔度变大,并反映了地形遮蔽效应随栅格尺寸变大(分辨率降低)而迅速减弱的变化趋势。正是这种 DEM 数据本身对分辨率的敏感性,导致了计算所得地形开阔度的空间尺度效应。因此,对于分辨率为 $1000 \text{ m}\times1000 \text{ m}$ 分辨率的 DEM 数据,仅适用于计算大区域(比如全国范围)的地形开阔度,分辨率为 $100 \text{ m}\times100 \text{ m}$ 分辨率的 DEM 数据,更能反映出小区域地形开阔度空间差异性。

8.3.2.2　不同地貌类型的地形开阔度的空间尺度效应分析

不同的地貌类型,由于它们的相对高度差和地面破碎程度不同,造成地形遮蔽效应不同,不同地貌类型的地形开阔度具有不同的空间尺度效应。选取秦巴山地、黄土高原代表山地和高原地形,分别对它们 1000 m 和 100 m 两个分辨率下的地形开阔度进行分析,比较结果见表 8.6。图 8.11 和图 8.12 分别为分辨率为 100 m 下的秦巴山区和黄土高原的地形开阔度空间分布图。

表 8.6　不同地貌在不同分辨率下地形开阔度计算结果统计特征表

开阔度 地貌	100 m			1000 m		
	Vmax	Vmin	Vmean	Vmax	Vmin	Vmean
秦岭山区	1.30	0.00	0.83	1.30	0.38	0.89
黄土高原	1.10	0.20	0.92	1.10	0.43	0.96

对表 8.6 中各样区地形开阔度的平均值分别求差,即用 1000 m 分辨率数据减去 100 m 数据,便得到各个样区不同空间分辨率下地形开阔度的差值:秦巴山区 0.06,黄土高原 0.04。由平原－高原－山区,地形起伏程度越来越强烈,山区地形开阔度的空间尺度的差异也越来越大。因此,地形起伏越强烈的地区如山地,不同空间尺度下的地形开阔度会表现出很强的空间尺度效应;反之,平原地区的地形开阔度的空间尺度效应很小。因此,在地形开阔度实际应用计算中,因针对研究区域的不同地貌条件,选择不同分辨率的DEM。当地形是比较破碎的山地丘陵时,选择分辨率高的 DEM;而在地势较平坦和完整的平原地区,由于尺度效应较弱,1000 m×1000 m 分辨率的 DEM 就可以满足需求。

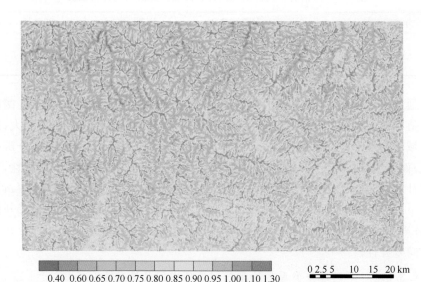

0.40 0.60 0.65 0.70 0.75 0.80 0.85 0.90 0.95 1.00 1.10 1.30

0 2.5 5　10　15　20 km

图 8.11　起伏地形 100 m 分辨率下陕西秦巴山区地形开阔度的空间分布图

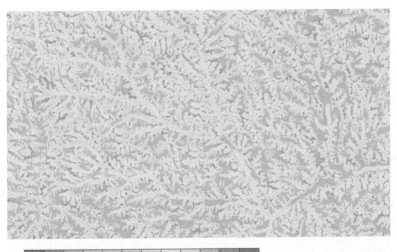

| 0.40 | 0.60 | 0.65 | 0.70 | 0.75 | 0.80 | 0.85 | 0.90 | 0.95 | 1.00 | 1.10 | 1.30 | 0 2.5 5 | 10 | 15 | 20 km |

图 8.12 分辨率为 100 m 起伏地形下陕西黄土高原地形开阔度的空间分布图

8.4 山区地形转换因子的空间尺度效应研究

8.4.1 转换因子不同空间分辨率的空间尺度效应分析

表 8.7 是分别用 1000 m 和 100 m 分辨率 DEM 数据计算的实际地形下陕西省 1 月、7 月地形转换因子 R_b 的计算结果统计。

表 8.7 不同分辨率下陕西省 1 月、7 月 R_b 统计特征表

	分辨率空间尺度	最大值	最小值	平均值
1 月	100 m	2.349	0	0.964
	1000 m	1.580	0.099	0.990
7 月	100 m	1.004	0	0.967
	1000 m	1.003	0.840	0.993

从表中可看出:1 月,不同分辨率下的计算结果变化主要体现的最大值的变化,100 m 分辨率 R_b 的最大值可为 1000 m 分辨率的 1.5 倍;在 7 月,不同分辨率的计算结果变化体现的是极小值的变化,在高分辨率下,受地形遮蔽作用影响,一些网格点无直接辐射,地形因子的作用非常大,而在 1000 m 分辨率下 R_b 最小值上升为 0.84,地形作用不明显。通过比较可以看出随着数字高程模型空间分辨率的不断提高,R_b 平均值有逐渐变小的趋势;随着分辨率的降低,R_b 最小值变大,最大值变小,造成区域平均地形转换因子变大,充分体现了地形遮蔽

效应随栅格尺寸变大(分辨率降低)而迅速减弱的变化趋势。

8.4.2 不同地貌类型的 R_b 的空间尺度效应分析

表 8.8 是两个样区在不同分辨率下计算的 1 月、7 月 R_b 的统计表。对表 8.8 中各样区各月 R_b 的平均值分别求差,便得到各个样区在不同空间分辨率下 R_b 的差值:1 月秦岭山地样区 0.048,黄土高原样区 0.023;7 月秦岭山地样区 0.053,黄土高原样区 0.017。各样区 R_b 平均值的差均为正值,这表明随着 DEM 数据分辨率的降低,各样区的 R_b 都有不同程度的变大,地形的作用减弱。秦岭山地和黄土高原样区在不同空间尺度下的 R_b 都表现出很强的尺度效应。而且,地形起伏程度、地形破碎程度均强烈的秦岭山地样区不同空间尺度间的 R_b 差异大于黄土高原样区,可见,秦岭山区的空间尺度效应在冬季和夏季均大于黄土高原。图 8.13 和图 8.14 分别为 100 m 分辨率下秦岭山区和黄土高原的 1 月转换因子空间分布图。

表 8.8 不同地貌在不同分辨率下 R_b 计算结果统计特征表

	月份	100 m			1000 m		
		最大值	最小值	平均	最大值	最小值	平均
秦岭山区	1 月	2.078	0.0	0.938	1.580	0.099	0.986
黄土高原		2.301	0.0	0.978	1.253	0.702	1.001
秦岭山区	7 月	1.002	0.0	0.932	1.002	0.869	0.985
黄土高原		1.000	0.0	0.981	1.000	0.980	0.998

0.2 0.4 0.6 0.8 0.9 1.0 1.1 1.2 1.3 1.5 1.7 2.0   0 2.5 5 10 15 20 km

图 8.13 100 m 分辨率 1 月秦岭山区 R_b 空间分布图

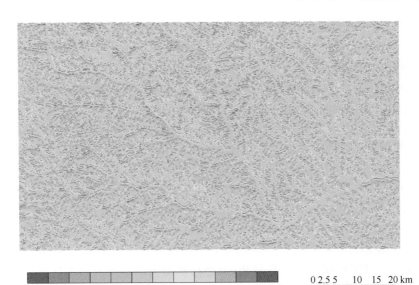

0 2.5 5　10　15　20 km

0.2　0.4　0.6　0.8　0.9　1.0　1.1　1.2　1.3　1.5　1.7　2.0

图 8.14　100 m 分辨率 1 月黄土高原 R_b 空间分布图

8.5　小结

本章主要讨论山地短波辐射的形成机理,从地形转换因子深入分析山地太阳辐射受地理、坡度、坡向等局地地形因子对太阳短波辐射影响的变化规律。主要得出以下结论:

(1)受山区地形起伏和坡向、坡度等局地地形因子的影响,山区地形转换因子的空间差异比较明显,山区阴阳坡直接辐射差异对比强烈。地形对山地太阳辐射的重分配作用对直接辐射的空间分布作用巨大,尤其在太阳高度角较低的冬季和秋季,是造成山区太阳辐射分布不均的主要原因。

(2)局地地形因子对直接辐射的影响随季节、纬度、坡度、坡向等因素而变。在冬半年,太阳直接辐射量受坡向影响差异最大,夏季最小;在冬季,随着纬度增加,R_b 受坡向影响的程度呈逐渐增加趋势;夏季则正好相反;随着坡度增加,R_b 受坡向影响的程度都呈现逐渐增强的趋势,但夏季的变化幅度远远小于冬季;冬季,不同坡向对直接辐射的影响也不相同,南坡、东南坡、西南坡获得的辐射量要高于平地,随着坡度的增加,R_b 逐渐增大;北坡、东北坡、西北坡的情况正好相反;东坡、西坡获得的辐射量与平地相当,而在夏季,所有坡向获得的直接辐射量均小于平地,随着坡度的增加,这种差异变大。

(3)地形遮蔽、坡向和坡度等都对山区太阳总辐射的分布有影响,同时这种影响在不同季节的表现是不一致的。总辐射随坡度的升高而缓慢减少,冬季,当坡度小于 $15°$ 时,不同坡向上各坡度的辐射量差异较小;当坡度大于 $15°$ 时,不同坡向上各坡度的辐射量差异逐渐增大。夏季,不同坡向上各坡度的总辐射量差异较小,且均随着坡度的增加呈线性减少趋势。坡向对总辐射的影响也存在季节差异,冬季,当坡度较小时,坡向对总辐射的影响不太显著,随着坡度的增加,坡向效应非常明显,对于不同坡度上的太阳总辐射,均为南坡最大,北坡最小,东、西坡辐射量呈对称分布;夏季坡向对总辐射的影响远远小于冬季,在同一坡度下,各个坡向日照总辐射差异总体较小。

(4)不同地貌类型对地表天文辐射量所造成的地形效应是不同的。随着地貌类型从平坦平原地区逐步过渡到起伏较大的山区,天文辐射的地形遮蔽效应逐步增大,造成地表天文辐射量呈减小趋势。

(5)DEM 数据本身对分辨率的敏感性,导致了山地天文辐射的空间尺度效应:随着地形起伏程度、地形遮蔽效应的增加,不同 DEM 分辨率下的地形描述差异就越大,计算地表天文辐射量的差异就越明显。这种趋势在地势起伏较大的山区、高原地区表现尤为明显。因此,对于 1000 m×1000 m 分辨率的 DEM 数据,由于此 DEM 格网分辨率较粗,只能反映出大地形对太阳辐射的影响,对于分辨率较高的 DEM 数据,更能反映出小区域局地地形因子对山区天文辐射空间差异性的影响。对于秦岭山区、黄土高原等局地地形复杂地区,应选择分辨率较高的 DEM 数据,能够更好地拟合真实地表面,减小由于地形描述精度造成的太阳辐射计算误差。

(6)DEM 空间分辨率对天文辐射、地形开阔度和地形转换因子均有影响。随着 DEM 空间分辨率的提高,天文辐射平均值逐渐变小;随着分辨率的降低,天文辐射最小值变大,造成区域平均天文辐射变大,反映了地形遮蔽效应随栅格尺寸变大(分辨率降低)而迅速减弱的变化趋势。地貌类型不同,天文辐射也存在空间尺度效应,秦岭山区不同空间分辨率下天文辐射的差值均大于黄土高原。不同的地貌类型的相对高度差和地面破碎程度不同,造成地形遮蔽效应不同,导致它们的开阔度具有不同的空间尺度效应。由平原—高原—山区,地形起伏程度越来越强烈,山区地形开阔度的空间尺度的差异也越来越大。随着 DEM 空间分辨率的不断提高,R_b 平均值有逐渐变小的趋势;随着分辨率的降低,R_b 最小值变大,最大值变小。秦岭山地和黄土高原样区在不同空间尺度下的 R_b 都表现出很强的尺度效应。秦岭山区的空间尺度效应在冬季和夏季均大于黄土高原。

参考文献

孙汉群.2005.坡面日照和天文辐射研究[M].南京:河海大学出版社.

张勇,陈良富,柳钦火,李小文.2005.日照时间的地形影响与空间尺度效应[J].遥感学报,(5):521-530.

左大康,周允华,项月琴,等.1991.地球表层辐射研究[M].北京:科学出版社.

Daniel W M, Brendan G M, Brian L Z. 1999. Calibration and Sensitivity Analysis of A Spatially distributed Solar Radiation Model[J]. *Int J Geographical Information Science*,**13**(1):49-65.

第9章　太阳能资源评估研究

陕西煤炭、石油、天然气储量位居全国前列,是我国最重要的能源基地,同时陕北和关中部分地区也是太阳能资源丰富的地区,进行太阳能资源开发具有很大潜力。高质量的太阳能资源评估数据是太阳能开发利用的基础,科学地掌握太阳能资源精细化分布规律,是宏观决策、制定发展规划的需求,也是太阳能工程微观选址、经济效益评价的需求,同时也是太阳能利用方式多样性的需求,对促进太阳能的大规模开发利用及缓解与能源相关的环境污染问题具有现实指导意义和重大战略意义。

9.1 太阳能资源总储量、可获得量评估

陕西省国土资源总面积为 20.56 万 km^2,全省年平均太阳总辐射量为 4737 $MJ \cdot m^{-2}$,如果按 1％陆地面积、20％转换效率计算太阳能资源的可获得量,则可得到全省太阳能资源总储量约为 27.1×10^5 亿 $kW \cdot h$。年平均太阳总辐射大于 5040 $MJ \cdot m^{-2}$ 的面积为 4.33 万 km^2,总储能 6.3×10^5 亿 $kW \cdot h$,主要分布于陕北长城沿线和渭北东部地区。年平均太阳总辐射在 4500～5040 $MJ \cdot m^{-2}$ 的面积为 14.97 万 km^2,总储能 19.6×10^5 亿 $kW \cdot h$,主要分布于陕北南部、关中、商洛区域。小于 4500 $MJ \cdot m^{-2}$ 的面积为 1.27 万 km^2,对应总储能 1.2×10^5 亿 $kW \cdot h$,主要分布于陕南地区部分地区(表 9.1)。

表 9.1　陕西省太阳能资源总储量及可获得量

区域类型	包含地区	面积(万 km^2)	总储量(亿 $kW \cdot h$)	总储量(标煤当量万 t)	总储量(标煤等价万 t)	可获得量(亿 $kW \cdot h$)	可获得量(标煤当量万 t)	可获得量(标煤等价万 t)
很丰富区	陕北长城沿线、渭北东部	4.19	6.1×10^5	7.50×10^5	2.46×10^6	1220	1499	4929
		0.13	0.2×10^5	0.25×10^5	0.081×10^6	40	49	162

区域类型	包含地区	面积（万 km²）	总储量（亿 kW·h）	总储量（标煤当量万 t）	总储量（标煤等价万 t）	可获得量（亿 kW·h）	可获得量（标煤当量万 t）	可获得量（标煤等价万 t）
丰富区	陕北南部关中地区、陕南商洛及安康东北部	14.97	$19.6×10^5$	$2.41×10^6$	$7.92×10^6$	3920	4818	15837
较丰富区	陕南汉中和安康大部	1.27	$1.2×10^5$	$1.48×10^5$	$0.485×10^6$	240	295	970
合计		20.56	$2.71×10^6$	$3.33×10^6$	$1.09×10^7$	5420	6661	21898

9.2 太阳能资源丰富程度评估

以太阳总辐射年总量为指标，借鉴气象行业标准《太阳能资源评估方法》中丰富程度指标，同时按照陕西省的实际情况对指标进行了进一步细化，原来指标中太阳总辐射年总量5040～3780 MJ·m⁻² 定义为资源，但由于该指标跨越陕西省关中和陕南两个气候带，因此对指标进行再次划分，以5040～4176 MJ·m⁻²为资源丰富等级，4176～3780 MJ·m⁻²为资源较丰富等级（表9.2）。

表 9.2　太阳能资源丰富程度等级

太阳总辐射年总量	资源丰富程度
≥1750 kW·h/(m²·a) 或6300 MJ/(m²·a)	资源最丰富
1400～1750 kW·h/(m²·a) 或5040～6300 MJ/(m²·a)	资源很丰富
1160～1400 kW·h/(m²·a) 或4176～5040 MJ/(m²·a)	资源丰富
1050～1160 kW·h/(m²·a) 或3780～4176 MJ/(m²·a)	资源较丰富
<1050 kW·h/(m²·a) 或<3780 MJ/(m²·a)	资源一般

按照不同等级进行陕西省太阳能资源丰富程度评估（图9.1）。陕西省太阳能资源可划分为三个等级：资源很丰富、资源较丰富以及资源丰实。其中，陕北北部（包括府谷、神木、榆林、横山、靖边、定边、佳县、米脂、吴堡）和渭北东部地

区(包括韩城、澄城、合阳、蒲城)太阳能资源很丰富;陕北南部、关中大部、商洛等区域太阳能资源丰富;汉中和安康大部太阳能资源较丰富。

图 9.1　陕西省太阳能资源丰富程度评估图

9.3　太阳能资源稳定程度评估

利用各月日照时数大于 6 h 天数的最大值与最小值的比值反映太阳能资源的稳定程度(图 9.2)。其中当比值小于 2 时,资源稳定;比值大于 4 时,说明资源不稳定;比值为 2～4 时,资源较稳定。其等级见表 9.3。

$$K = \frac{\max(Day_1, Day_2 \cdots Day_{12})}{\min(Day_1, Day_2 \cdots Day_{12})} \tag{9.1}$$

其中,K 为太阳能资源稳定程度指标,无量纲;$Day_1, Day_2 \cdots Day_{12}$ 为 1—12 月各月日照时数大于 6 h 天数,单位为天(d);

表 9.3　太阳能资源稳定程度等级

太阳能资源稳定程度指标	稳定程度
<2	稳定
$2\sim4$	较稳定
>4	不稳定

图 9.2 是陕西 1971—2000 年和 2008 年太阳能资源稳定程度评估图,由图中可以看出,从 30 年平均状况来看,陕北和关中地区的太阳能资源都很稳定,陕南北部较稳定,陕南汉中和安康部分地区不稳定;但从 2008 年评估状况来看,只有陕北北部地区太阳能资源稳定,陕北南部和关中地区太阳能资源均为较稳定区,陕南为不稳定区。

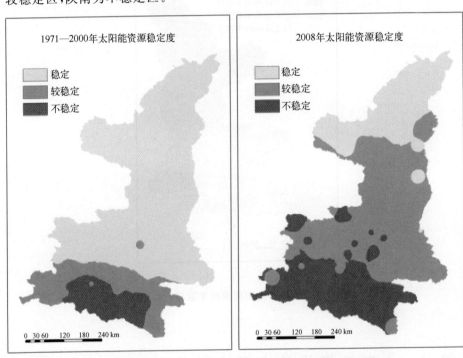

图 9.2   陕西 1971—2000 年、2008 年太阳能资源稳定程度评估图

对 1971—2000 年陕西各月和各季的太阳能稳定程度进行了评估,图 9.3 为陕西省各季太阳能资源稳定度分布图。从图中可以看出,夏季太阳能资源稳定度较好,陕北除西部小部分区域外,其他区域太阳能资源均稳定,关中大部较稳定,陕南西部为不稳定区;秋季陕北北部地区为资源稳定区,关中和陕南大部分地区较稳定;春季总体资源稳定度较差,陕北北部为稳定区,陕北南部和关中大部较稳定,陕南地区为资源不稳定区;冬季太阳能资源稳定度最差,除陕北个别台站资源稳定外,陕北大部和关中地区均为较稳定区域,陕南则为不稳定区。

图 9.4 为陕北、关中和陕南地区各个月太阳能资源稳定程度变化图。由图可见,陕北地区太阳能资源稳定度在 1.8~3.4 间变化,1 月、4—6 月稳定度均小于 2,太阳能资源稳定,其他月份太阳能资源较稳定,9 月稳定度最差,为 3.4,但也属于较稳定程度。关中地区太阳能资源稳定度波动较大,4—8 月稳定度在

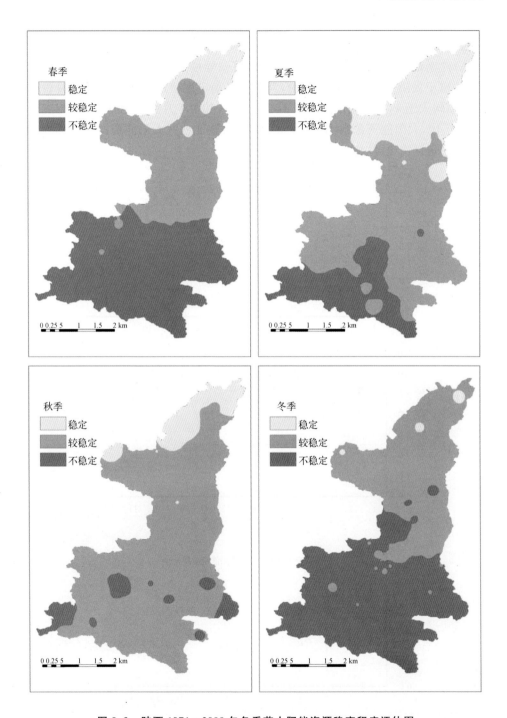

图 9.3　陕西 1971－2000 年各季节太阳能资源稳定程度评估图

2~4 之间,属于太阳能资源较稳定月份,其中 6 月稳定度值最小为 2.5;其他月份稳定度均大于 4,属于太阳能资源不稳定月份,其中 9 月稳定度值最大为 5.9。陕南地区太阳能资源稳定度各月之间差异最大。4－8 月稳定度在 2~4 之间,属于太阳能资源较稳定月份,其中 5 月稳定度值最小为 2.9;其他月份稳定度值均大于 4,属于太阳能资源不稳定月份,其中 1 月、2 月和 11 月稳定度值均大于 10,太阳能资源很不稳定。总的来说,陕北地区太阳能资源稳定程度较好,关中地区次之,陕南地区最差。

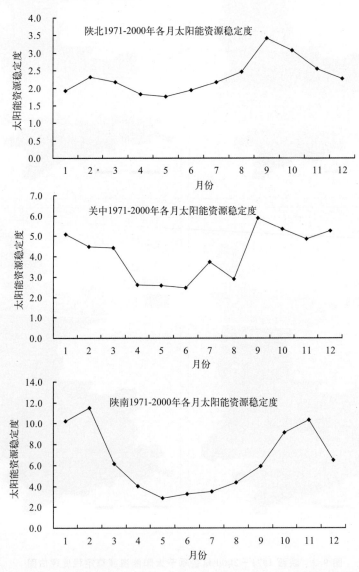

图 9.4 陕北、关中和陕南地区 1971－2000 年各月太阳能资源稳定程度变化图

9.4 光伏发电系统峰值日照时数评估

峰值日照时数是针对光伏发电系统进行太阳能资源评估时需要的一个参数,它是一段时间内的辐照度积分总量相当于辐照度为 1000 W · m^{-2} 的光源所持续照射的时间。计算公式如下:

$$T_p = Q/(1000 \ \text{W} \cdot \text{m}^{-2}) \tag{9.2}$$

式中:

T_p——一段时间的峰值日照时数;

Q——一段时间的总辐射量,单位是 MJ · m^{-2},计算中首先将其转换为 kWh · m^{-2},1 kWh · m^{-2}=3.6 MJ · m^{-2}。

1000 W · m^{-2}——太阳能电池的标准光源测试条件。

根据以上公式,计算得到全省 1971—2000 年年平均峰值日照时数空间分布图(图 9.5)。由图中可知:全省年平均峰值日照时数介于 1150~1550 h 之间,其中陕北北部地区峰值日照时数最高,陕南南部地区最弱,全省呈从北向南依

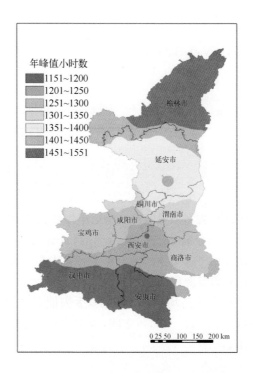

图 9.5 年平均峰值日照时数空间分布图(h)

次递减的纬向型分布特征。陕北北部属于温带半干旱季风气候区,气候干燥、海拔较高,是陕西省峰值日照时数的高值中心,中心最大值超过 1500 MJ·m^{-2};陕北南部属于次高区,峰值日照时数介于 1350～1450 h 之间;关中大部地区为 1250～1350 h,西安市较低为 1200 h 左右;全省低值区分布在陕南南部地区,为 1150～1200 MJ·m^{-2},该区属于亚热带湿润季风气候区,水汽充沛,云量较多,降水量丰富。

以日峰值日照时数为指标,进行并网发电适宜程度评估,等级见表 9.4。

表 9.4　太阳能峰值小时数等级表

等级	太阳总辐射年总量	日峰值日照小时数	并网发电适宜程度
1	>7560 MJ/(m^2·a) >2100 kW·h/(m^2·a)	>5.8 h	很适宜
2	6480～7560 MJ/(m^2·a) 1800～2100 kW·h/(m^2·a)	4.9～5.8 h	适宜
3	5040～6480 MJ/(m^2·a) 1400～1800 kW·h/(m^2·a)	3.8～4.9 h	较适宜
4	<5040 MJ/(m^2·a) <1400 kW·h/(m^2·a)	<3.8 h	不适宜

9.5　保障率

根据辐射模型计算全省各县 1979—2010 年每年的太阳总辐射,以太阳能资源丰富程度评估中的资源较丰富一级为标准,计算各县多年来总辐射大于 3780 MJ·m^{-2} 的年数,并与总年数的比值作为各县太阳能资源保障率。

图 9.6 是陕西省太阳资源保障率空间分布图,由图可见,陕北地区、关中西部等地太阳能资源保障率较高均在 85% 以上,太阳能可利用程度高;陕南商洛及汉中等地资源保障率在 75%～85% 之间,关中中东部、陕南东部一带资源保障率较低在 75% 以下。

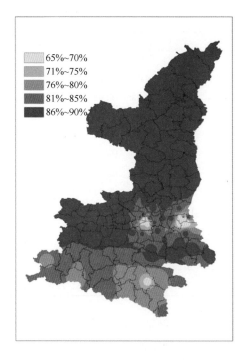

	65%~70%
	71%~75%
	76%~80%
	81%~85%
	86%~90%

图 9.6　全省太阳能资源保障率空间分布图

9.6　光伏发电系统方阵倾角

9.6.1　独立型光伏系统最佳倾角选择

　　方阵的最佳倾角应根据不同情况而定。对于独立光伏发电系统,情况比较复杂。独立光伏系统由于受到蓄电池容量、蓄电池荷电状态等因素限制,要综合考虑光伏组件方阵平面上太阳辐射量的连续性、均匀性和极大性。因此,确定方阵的最佳倾角是光伏发电系统设计中不可缺少的重要环节。

　　目前有的观点认为方阵倾角等于当地纬度为最佳。也有认为所取方阵倾角应使全年辐射量最弱的月份能得到最大的太阳辐射量为好,推荐方阵倾角在当地纬度的基础上再增加15°到20°。国外有的设计手册也提出,设计月份应以辐射量最小的12月(在北半球)或6月(在南半球)作为依据。

　　下面以西安为例,进行分析比较。其朝向赤道不同倾角时倾斜面上的月平均太阳辐照量见表9.5。

表 9.5　西安不同倾斜面上的月平均太阳辐照量(单位:MJ/(m² · d))

	0°	10°	20°	30°	35°	40°	45°	50°	55°	60°	70°
1 月	7.28	8.27	9.08	9.7	9.93	10.1	10.22	10.27	10.27	10.21	9.92
2 月	9.05	9.87	10.49	10.89	11	11.05	11.05	10.98	10.86	10.68	10.15
3 月	13.6	14.42	14.94	15.15	15.13	15.03	14.85	14.6	14.27	13.86	12.85
4 月	15.72	16.1	16.16	15.89	15.64	15.3	14.9	14.42	13.87	13.26	11.87
5 月	18.71	18.71	18.37	17.69	17.21	16.65	16.01	15.3	14.52	13.71	11.95
6 月	18.12	17.95	17.45	16.66	16.14	15.55	14.89	14.17	13.41	12.62	10.9
7 月	19.47	19.35	18.88	18.07	17.53	16.91	16.2	15.42	14.59	13.74	11.86
8 月	16.36	16.58	16.49	16.07	15.74	15.33	14.85	14.31	13.69	13.01	11.54
9 月	12.07	12.51	12.72	12.67	12.56	12.39	12.15	11.86	11.51	11.12	10.17
10 月	8.69	9.24	9.61	9.8	9.82	9.79	9.72	9.6	9.43	9.22	8.66
11 月	7.26	8.08	8.75	9.23	9.39	9.51	9.57	9.58	9.54	9.45	9.11
12 月	6.18	7.02	7.71	8.24	8.44	8.6	8.7	8.76	8.77	8.73	8.5
平均	12.73	13.2	13.41	13.35	13.23	13.03	12.77	12.45	12.07	11.64	10.63

(1)以当地水平面上太阳辐射量最弱月为设计月,得到最大太阳辐射量所对应的角度作为方阵的倾角。对于西安地区,12 月得到最大辐照量的倾角是 55°,然而,此时的全年平均辐照量为 12.07 MJ/(m² · d),但 4—9 月方阵面上接收到的太阳辐照量削弱太多,低于水平面上接收到的太阳辐照量。

(2)如果以当地纬度作为最佳倾角,西安地区最佳倾角为 34°时,造成夏天电池组件的发电量过盈,蓄电池充足电后,光伏方阵发出的多余能量不能利用;而冬天时发电量又往往不足而使蓄电池处于欠充电状态,这也不是最好的选择。

因此,对于独立型太阳能电池方阵的最佳倾角的确定,要根据负载的不同类型分别分析。

对于负载负荷均匀或近似均衡的独立型光伏系统,太阳辐射均匀性对光伏发电系统的影响很大,对其进行量化处理是很有必要的。为此,引入一个量化参数,即辐射累积偏差 δ,其数学表达式为:

$$\delta = \sum_{i=1}^{12} |H_{t\beta} - \overline{H}_{t\beta}| M(i) \tag{9.3}$$

式中,$H_{t\beta}$ 是倾角为 β 的斜面上各月平均太阳辐射量,$\overline{H}_{t\beta}$ 是该斜面上年平均太阳辐射量,$M(i)$ 是第 i 月的天数。可见,δ 的大小直接反映了全年辐射的均匀性,δ 愈小辐射均匀性愈好。按照负载负荷均匀或近似均衡的独立光伏系统的要求,理想情况当然是选择某个倾角使得 $\overline{H}_{t\beta}$ 为最大值、δ 为最小值。但实际情况是,二者所对应的倾角有一定的间隔,因此选择太阳电池组件的倾角时,只考虑 $\overline{H}_{t\beta}$ 最大值或 δ 取最小值必然会有片面性,应当在二者所对应的倾角之间进行优选。为此,需要定义一个新的量来描述倾斜面上太阳辐射的综合特性,称其为斜面辐射系数,以 K 表示,其数学表示式为:

$$K = \frac{365\,\overline{H}_{t\beta} - \delta}{365\overline{H}}$$ (9.4)

$\overline{H}$ 为水平面上的年平均太阳辐射量。由于 $\overline{H}_{t\beta}$ 和 δ 都与太阳电池组件的倾角有关,所以当 K 取极大值时,应当有

$$\frac{\mathrm{d}K}{\mathrm{d}\beta} = 0$$ (9.5)

求解上式即可求得最佳倾角。

利用上述方法,计算出来西安对于负载负荷均匀或近似均衡的独立光伏系统的最佳倾角为 42°。图 9.7 是西安地区斜面倾斜系数随倾斜度的变化曲线,可见,在 40°~45° 范围,倾斜面辐射系数最大,使倾斜面上获得的辐射量比较大,而且使全年辐射累积偏差较小,满足倾斜面上接收到的太阳辐照度的均衡性和极大性要求。

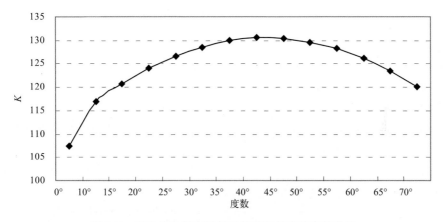

图 9.7 西安地区斜面倾斜系数随倾斜度的变化曲线

9.6.2 并网光伏系统方阵最佳倾角选择

并网光伏供电系统有着与离网光伏系统不同的特点,在有太阳光照射时,光伏供电系统向电网发电,而在阴雨天或夜晚光伏供电系统不能满足负载需要时又从电网买电。由于在并网光伏系统中,电网可以随时补充电力,所以系统设计不需要像离网系统那样严格,而且以电网作为储能装置,不像在离网光伏系统中要受到蓄电池容量的限制。这样就不存在因倾角的选择不当而造成夏季发电量浪费、冬季对负载供电不足的问题。在并网光伏系统中唯一需要关心的问题就是如何选择最佳的倾角使太阳电池组件全年的发电量最大。太阳电池方阵的安装倾角应该是全年能接收到最大太阳辐射能所对应的角度。

依据太阳资源评估部分计算的近 10 年(1999－2008 年)的太阳辐射数值，计算西安不同角度倾斜面上近 10 年平均各月日平均太阳辐射量，见表 9.6。设计中采用 RETScreen 软件进行相关计算。

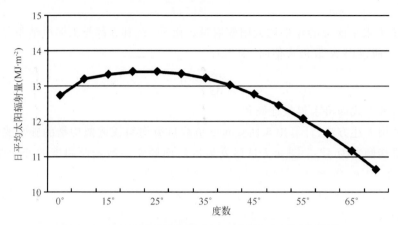

图 9.9　多年不同角度倾斜面上太阳辐射日平均折线图

通过多年不同角度倾斜面上太阳辐射日平均折线图(图 9.9)综合分析可得出以下结论：当倾角为 20°或 25°时，倾斜面上获得的太阳辐射多年日平均值最大，为 13.41 MJ·m⁻²；因此对于固定式光伏阵列，其最佳倾角为 25°，方位角为 0°(即正南方向)。

总之，方阵安装倾角总的规律是，对于同一地点，并网光伏系统的方阵倾角相对于离网光伏系统来说要小。

依据以上数据，绘制西安不同角度倾斜面上平均各月日平均太阳辐射量折线图，见图 9.10－9.21 和表 9.6。

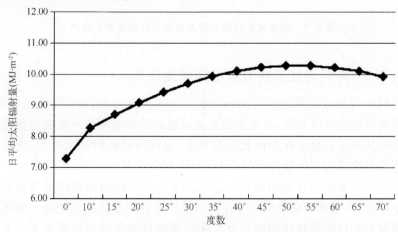

图 9.10　1 月份不同角度倾斜面上太阳辐射日平均值

表 9.6 西安 1999—2008 年不同角度倾斜面上多年各月日平均太阳辐射量(MJ·m⁻²)

角度 \ 月份	1	2	3	4	5	6	7	8	9	10	11	12	多年日平均
0°	7.28	9.05	13.60	15.72	18.71	18.12	19.47	16.36	12.07	8.69	7.26	6.18	12.73
10°	8.27	9.87	14.42	16.10	18.71	17.95	19.35	16.58	12.51	9.24	8.08	7.02	13.20
15°	8.70	10.20	14.72	16.17	18.57	17.74	19.15	16.58	12.64	9.44	8.44	7.38	13.33
20°	9.08	10.49	14.94	16.16	18.37	17.45	18.88	16.49	12.72	9.61	8.75	7.71	13.41
25°	9.42	10.71	15.08	16.06	18.07	17.10	18.52	16.32	12.73	9.73	9.01	8.00	13.41
30°	9.70	10.89	15.15	15.89	17.69	16.66	18.07	16.07	12.67	9.80	9.23	8.24	13.35
35°	9.93	11.00	15.13	15.64	17.21	16.14	17.53	15.74	12.56	9.82	9.39	8.44	13.23
40°	10.10	11.05	15.03	15.30	16.65	15.55	16.91	15.33	12.39	9.79	9.51	8.60	13.03
45°	10.22	11.05	14.85	14.90	16.01	14.89	16.20	14.85	12.15	9.72	9.57	8.70	12.77
50°	10.27	10.98	14.60	14.42	15.30	14.17	15.42	14.31	11.86	9.60	9.58	8.76	12.45
55°	10.27	10.86	14.27	13.87	14.52	13.41	14.59	13.69	11.51	9.43	9.54	8.77	12.07
60°	10.21	10.68	13.86	13.26	13.71	12.62	13.74	13.01	11.12	9.22	9.45	8.73	11.64
65°	10.10	10.44	13.39	12.59	12.86	11.78	12.82	12.29	10.67	8.96	9.30	8.64	11.16
70°	9.92	10.15	12.85	11.87	11.95	10.90	11.86	11.54	10.17	8.66	9.11	8.50	10.63

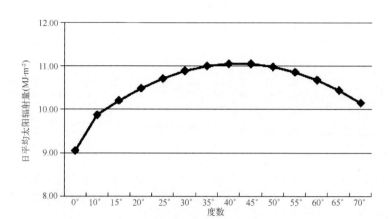

图 9.11　2 月份不同角度倾斜面上太阳辐射日平均值

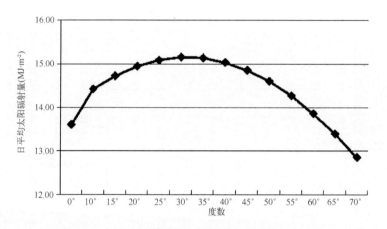

图 9.12　3 月份不同角度倾斜面上太阳辐射日平均值

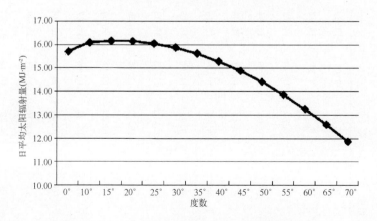

图 9.13　4 月份不同角度倾斜面上太阳辐射日平均值

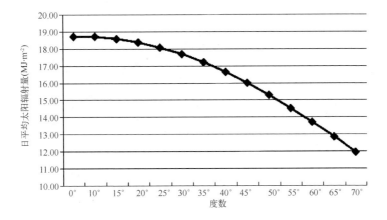

图 9.14　5 月份不同角度倾斜面上太阳辐射日平均值

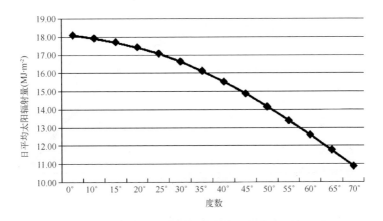

图 9.15　6 月份不同角度倾斜面上太阳辐射日平均值

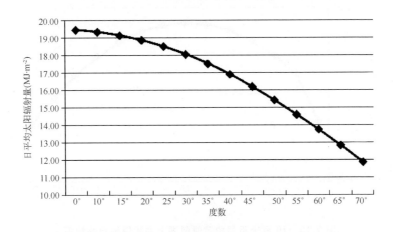

图 9.16　7 月份不同角度倾斜面上太阳辐射日平均值

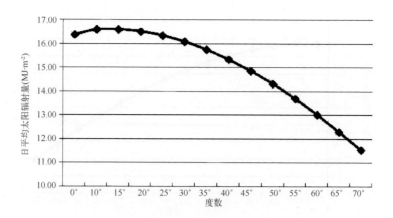

图 9.17　8 月份不同角度倾斜面上太阳辐射日平均值

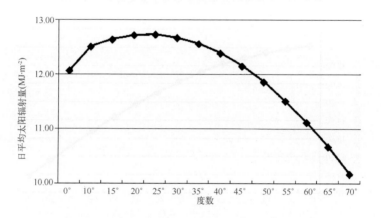

图 9.18　9 月份不同角度倾斜面上太阳辐射日平均值

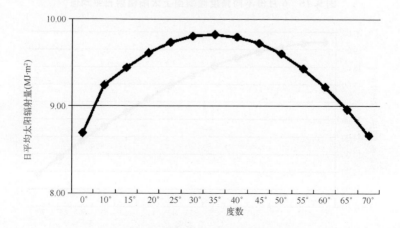

图 9.19　10 月份不同角度倾斜面上太阳辐射日平均值

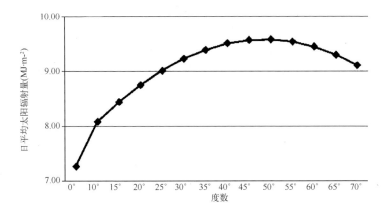

图 9.20　11 月份不同角度倾斜面上太阳辐射日平均值

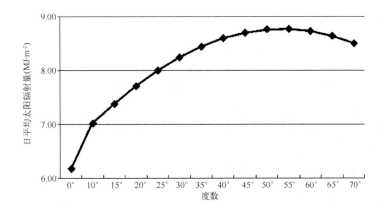

图 9.21　12 月份不同角度倾斜面上太阳辐射日平均值

通过以上折线图的直观显示，并对其进行综合分析后可得出以下结论：

(1)近 10 年不同角度倾斜面上各月日平均太阳辐射的最大值和最小值统计如表 9.7 所示。

表 9.7　西安 1999—2008 年倾斜面上多年各月太阳辐射平均值最值表

月份	最大值		最小值	
	太阳辐射日平均值 （MJ·m⁻²）	对应倾角	太阳辐射日平均值 （MJ·m⁻²）	对应倾角
1	10.27	50°～55°	7.28	0°
2	11.05	40°～45°	9.05	0°
3	15.15	30°	12.85	70°
4	16.17	15°	11.87	70°

月份	最大值		最小值	
	太阳辐射日平均值 （MJ·m^{-2}）	对应倾角	太阳辐射日平均值 （MJ·m^{-2}）	对应倾角
5	18.71	0°～10°	11.95	70°
6	18.12	0°	10.9	70°
7	19.47	0°	11.86	70°
8	16.58	10°～15°	11.54	70°
9	12.73	25°	10.17	70°
10	9.82	35°	8.66	70°
11	9.54	50°	7.26	0°
12	8.77	55°	6.18	0°

（2）当倾角为0°时，倾斜面上获得的太阳辐射多年日平均值最大，为19.47 MJ·m^{-2}。

通过多年不同角度倾斜面上太阳辐射日平均折线图综合分析可得出以下结论：当倾角为20°或25°时，倾斜面上获得的太阳辐射多年日平均值最大，为13.41 MJ·m^{-2}；因此对于固定式光伏阵列，其最佳倾角为25°，方位角为0°（即正南方向）。

9.7 小结

本章从陕西省太阳能资源总储量、可获得量、资源丰富程度、稳定程度、峰值日照时数和资源保障率等方面对陕西省太阳能资源进行全面综合的评估，主要得到以下结论：

（1）太阳能资源总储量约为27.1×10^{5}亿kW·h，陕北长城沿线和渭北东部地区储量最大，陕北南部、关中、商洛区域次之，陕南地区最少。

（2）陕西省太阳能资源可划分为三个等级，陕北北部和渭北东部地区太阳能资源很丰富；陕北南部、关中大部、商洛等区域太阳能资源丰富；汉中和安康大部太阳能资源较丰富。就稳定程度来说，陕北和关中地区的太阳能资源都很稳定，陕南北部较稳定，陕南汉中和安康部分地区不稳定。

（3）全省年平均峰值日照时数介于1150～1550 h之间，全省呈从北向南依次递减的纬向型分布特征。其中陕北北部地区峰值日照时数最高，陕北南部次高，陕南南部地区最弱。

（4）对于独立型光伏系统，引进倾斜面辐射系数方法，满足倾斜面上接收到的太阳辐照度的均衡性和极大性要求,来确定太阳能系统的最佳倾角;对于并网型光伏系统,充分考虑不同角度倾斜面上各月平均太阳辐射量,使太阳电池方阵的安装倾角是全年能接收到最大太阳辐射能所对应的角度。

参考文献

沈辉,曾祖勤.2008.太阳能光伏发电技术[M].北京:化学工业出版社.
杨金焕,于化丛,葛亮.2009.太阳能光伏发电应用技术[M].北京:电子工业出版社.

第 10 章　陕西省太阳能资源评估业务系统介绍

开发研制的"陕西省太阳能资源评估业务系统",基于 ArcGIS 软件,采用 ArcEngine 作为底层开发平台,并运用 Define 语言实现系统所有功能,模块均采用 ESRI 标准的 COM 接口实现。系统功能主要由四部分组成:太阳能资源数据库的管理;太能总辐射的计算、统计、显示;太阳能资源评估以及 GIS 的辅助功能等。本系统是在气象数据、卫星资料、基础地理数据以及社会数据的支持下,建立陕西省太阳能资源数据库;通过建立的太阳能资源计算模型,实现对陕西省水平面和起伏地形下不同时空尺度上的辐射资源计算;收集整理国内外关于太阳能资源评估方面的技术方法并在结合陕西具体实情的基础上,确定太阳能资源评估指标,对陕西省太阳能资源计算结果进行科学评价;根据以上模块,最终建立陕西省太阳能资源评估业务系统。业务系统按照数据层、逻辑层、应用层三层结构设计。数据层采用 Access 数据库实现数据的高效存储和管理;逻辑层基于 ArcEngine 技术、数据库技术和组件技术,实现空间数据应用的业务逻辑,如空间数据的表现和操作;应用层在逻辑层的基础上具体实现系统的各项功能。根据系统功能需求,将系统界面设计分为 6 个部分:功能菜单栏、工具栏、图像显示区、内容表、资料列表和系统状态栏等。其中太阳能资源数据库的设计充分考虑了辐射资料数据量大,尤其是在山地太阳辐射模型中,DEM 不同空间分辨率导致的海量数据在计算时要求实时性高的特点,配以高性能服务器、大容量数据存储设备,同时使用微软的 ADO 等数据库访问接口技术,访问后端 Access 数据库管理平台,实现空间数据和属性数据的一体化管理。太阳辐射计算分析模块共包括辐射资源计算、辐射资源累加、站点数据提取和辐射资源统计四个功能菜单,可以提供气候平均、年季总量、逐年逐月等各尺度上的不同量级(总量或平均量)、不同格网大小的太阳辐射栅格产品,包括:可照时数、日照百分率、天文辐射量、直接辐射量、散射辐射、反射辐射、总辐射等,计算结果以空间插值与栅格化图形显示;同时可以根据用户需求实现对同类辐射产品任意时段的累加、提取需要的站点辐射数据以及在自定义的辐射量阈值上,对某一辐射产品进行面积的统计等。太阳能资源评估模块根据建立的太阳能资源评估指标,进行太阳能资源丰富程度、稳定程度、利用价值、储量、可利用量等指标计算和评估。GIS 辅助功能包括地理信息动态叠加显示功能、地理空间数据操作功能以及栅格产品制作功能等。

"陕西省太阳能资源评估业务系统"在海量数据的快速处理、矢量与空间数据的一体化管理、空间数据的表现和操作等方面具有很强的技术特色,软件功能先进、界面友好、可移植性强、能为高效准确地进行太阳能资源的计算和评估工作提供有力的数据支持。

陕西省太阳能资源评估业务系统是一个基于 GIS 平台的太阳能资源计算和评估系统,实现了资源水平面与山地、时间与空间全方位结合的功能。该系统充分发挥 GIS 在空间分析领域的独特优势,使空间位置信息与资源属性无缝地结合在一起;以 ArcEngine 中的 MapControl 控件作为 GIS 数据载体,应用ADO 完成数据库中的数据的更新和查询,并通过 AO 与数据库中的数据关联。所有的模块功能采用 ESRI 标准的 COM 接口实现。

10.1 系统设计

10.1.1 系统功能设计

陕西省太阳能资源评估业务系统的架构主要由太阳能评估数据源组织与管理、功能库、应用层三层结构组成。系统功能主要由四部分组成,包括太阳能资源数据库的管理;太能总辐射的计算、统计、显示;太阳能资源评估以及 GIS的辅助功能等(图 10.1)。

(1)太阳能资源数据库管理功能主要用以实现太阳能辐射资源信息的存储、检索查询、实时数据更新等功能。它将常规气象站的辐射观测数据、太阳能监测站数据等通过处理之后,存入太阳能资源数据库中,并通过客户端进行调用显示,实现空间数据和属性数据的一体化管理。

(2)太能总辐射的计算、统计、显示功能主要包括:基于两种计算方法(基于水平面和山地的太阳总辐射计算模型)的太阳能总辐射提供逐年、逐月、气候平均、年季(全年、春、夏、秋、冬)各尺度上的不同单位($MJ \cdot m^{-2}$、$kW \cdot h/m^2$ 等)、不同量级(月总量或月平均量)、不同格网大小的水平面及地形起伏下的太阳辐射栅格产品。这些产品包括:太阳赤纬、日地相对距离、可照时数、时差、日照百分率、天文辐射量、直接辐射量、散射辐射、总辐射等,计算统计结果以空间插值与栅格化显示。同时可以提供对辐射资源数据的累加和统计功能等。

(3)太阳能资源评估功能主要是针对陕西省太阳能资源评估的指标体系,

包括太阳能资源丰富程度、稳定程度、资源储量、可利用量、资源利用价值及连续无日照日数等对计算出的太阳辐射数据进行评估,得出资源评估结果,以栅格插值图像或结果表显示。

（4）GIS 辅助功能包括地理信息动态叠加显示、地理数据操作以及栅格产品制作功能。其中：

地理信息动态叠加显示主要包括：研究区域省界、县界、气象台站位置等基础地理信息与太阳能资源评估栅格数据的动态叠加显示。

地理数据操作功能主要包括：地理空间数据（太阳总辐射栅格数据、基础地理信息矢量数据）放大/缩小功能,栅格/矢量空间数据查询与检索功能,漫游功能,图像位置变换功能,复位显示功能,分层空间数据定位查询功能,空间分布数据的面积量算功能,空间分布数据的距离量算功能等。

栅格产品制作功能主要是为用户提供了一个制作统一模板的空间,在这里可以进行标题（文本）的输入,修改,放置指北针、比例尺,选择纸张的大小和方向等等。保存以后便按照此模板的内容出图,轻松做到一键制图。

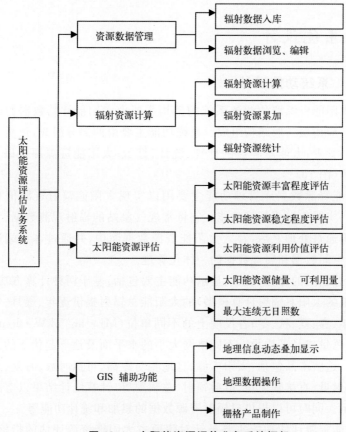

图 10.1　太阳能资源评估业务系统框架

10.1.2 系统开发平台

本系统采用 ArcEngine 作为底层开发平台。ArcEngine 是美国地球资源研究所(ESRI)继 MapObjects、ArcObjects 后推出的新一代 GIS 平台软件。它是基于 COM(组件对象模型)技术开发的 GIS 组件库,它把 GIS 的各大功能模块划分为若干个组件,每个组件完成不同的功能。各个 GIS 组件与其他非 GIS 组件之间,可以方便地通过可视化的软件开发工具集成起来,形成最终的 GIS 应用系统。

为了选择更合适的 GIS 底层平台软件支撑整个太阳能资源评估系统的运行,对 ArcEngine 与其他底层平台软件(如 MapInfo、GeoMedia、MapGIS、SuperMap 等)进行了充分的对比与分析评估。对比分析发现 ArcEngine 具有下述特点:(1)功能强大,除了支持基本的 GIS 功能(如显示、制图等)外,还提供了大量专业 GIS 分析功能(如栅格分析、叠加分析等);(2)技术先进性与开放性。ArcEngine 是基于工业标准的组件对象模型开发的,它允许将组件插入任何支持 COM 的应用中,可以很方便地与其他信息系统(MIS、OA)融合;(3)二次开发的平台无关性。无须专门的 GIS 二次开发语言,只需要熟悉基于 Windows 平台的通用集成开发环境(如 Visual C++ 、Visual Basic 等),以及 ArcEngine 各个控件的属性、方法和事件,就可以完成应用系统的开发集成;(4)丰富灵活的空间特征,先进合理的数据结构,广泛的地理信息数据源。正是基于 ArcEngine 的上述特性,本系统采用其作为底层开发平台,实现基于 GIS 的太阳能资源评估系统。

10.1.3 系统开发工具

目前,可以嵌入组件式 GIS 控件集成 GIS 应用的可视化开发环境很多,根据 GIS 应用项目的特点和用户对不同编程语言的熟悉程度,可以比较自由地选择合适的开发环境(如表 10.1)。

表 10.1 不同开发工具的比较

可视化开发环境	特点及适用范围
Visual Basic	
Delphi	具有较强的多媒体和数据库管理功能,且易于使用,适合大多数 GIS 应用。
C++ Builder	
Visual C++	功能强大但对编程人员要求很高,适用于编程能力强的用户以及需要编写复
Borland C++	杂的、底层的专业分析模型的 GIS 应用。
Visual Foxpro	数据库管理功能强,适用于建立有大量关系数据的 GIS 应用。
Power Build	

开发人员使用集成开发环境注册 ArcEngine 开发组件,然后建立一个基于窗体的应用,添加 ArcEngine 组件并编写程序代码构建自己的应用。

由于 Delphi 进行二次开发具有易于掌握、开发速度快的特点,并且在数据管理方面是其他语言不能及的,主要体现在 Delphi 与 BDE 的无缝集成,以及 Delphi 提供的那一大堆现成的数据库操作控件。目前 Delphi 支持 BDE、ADO、InterBase 三种数据库访问方式。所有的方式都能拖拉到应用程序中实现可视化操作。正是因为 Delphi 对数据库类的包装,使得用户操作数据库不像在 Visual C++ 中必须从开始到最后都要干预。明显地提高了开发速度。而本系统所涉及的数据量非常大,在数据库管理方面要求很高,因此本系统采用 Delphi 作为开发工具。

10.1.4 系统数据源说明

系统需要收集的数据源主要有:

(1)气象数据:包括全省辐射观测数据(日直接辐射、日散射辐射量和日总辐射量),该数据由观测站直接上传;全省 96 个观测站云状云量、天气形势、日照时数等气象数据,该数据来自陕西省地面资源处理系统数据库。

(2)地理数据:包括国家测绘局提供的陕西省 1∶25 万 DEM 数据,空间分别率为 100 m×100 m;陕西 1∶25 万省界、县界、气象台站位置等基础地理信息数据。

(3)卫星辐射数据:主要是收集的 2007 年 NOAA16、NOAA17、NOAA18 卫星数据。

(4)陕西统计数据:包括陕西经济发展现状、太阳能利用设施数量(太阳能温室、太阳灶、太阳热水器等)、太阳电站资料(数量、规模、发电量等)等数据。

10.1.5 系统界面介绍

根据系统功能需求,系统界面设计分为 6 个部分,分别是功能菜单栏、工具栏、图像显示区、内容表、资料列表、系统状态栏等(图 10.2)。

菜单栏目主要包括:文件操作、数据库管理工具、地理信息叠加显示、数据资料操作等项目。

工具栏主要包括:连续缩放、中心放大、中心缩小、全景显示、回到前一屏幕范围、显示下一屏幕范围、任意放大、任意缩小、保存当前地图文档、标定要素、图形量测、任意移动、图形旋转、要素查找等快捷按钮。

图形图像显示区主要是显示/隐藏矢量或者栅格的地理数据图层列表,呈现不同的地图数据标识。

内容表是用来显示和表现各种地理空间数据工作空间。

资料列表是用来查询需要的资源数据空间。

系统状态显示栏用来表明系统当前运行状态等相关信息。

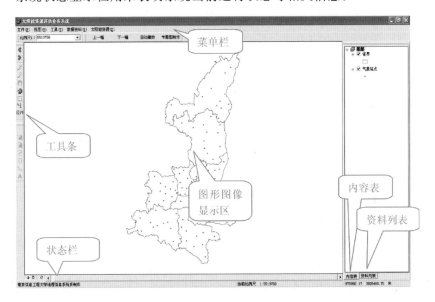

图 10.2 太阳能资源评估业务系统主界面图

10.2 系统功能实现

10.2.1 太阳能资源数据库管理模块

太阳能资源数据库的设计充分考虑了辐射资料数据量大,尤其是在山地太阳辐射模型中,DEM 不同空间分辨率导致的海量数据在计算时要求实时性高的特点,配以高性能服务器、大容量数据存储设备,同时使用 Access 数据库作为后端数据库管理平台,实现空间数据和属性数据的一体化管理。在初次登录系统以前需要进行系统参数设置,即为系统配置所使用的数据库信息(图 10.3)。数据库主要功能有:

(1)辐射观测数据的入库。使用微软的 ADO 等数据库访问接口技术,访问 Access 数据库。实时的辐射观测数据在经过格式转换后,利用多线程技术进行入库操作。

(2)历史辐射数据的查询。可查询数据库里保存的各类历史辐射数据。查询方式分为按站点名查询和按时间查询,可以方便地查询到历史上日单位的辐射资料,查询结果可即时显示(图 10.4)。

图 10.3 数据库连接

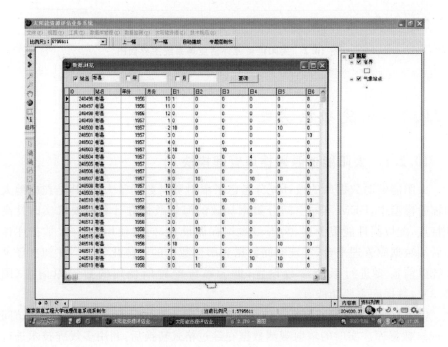

图 10.4 数据库查询界面图

其中:矢量数据在计算机中以矢量结构存贮,点数据可直接用坐标值(X, Y)描述;线数据可用均匀或不均匀间隔的顺序坐标链($X1,Y1,X2,Y2,\cdots,Xn$, Yn)来描述;面状数据(或多边形数据)可用边界线来描述。边界以面形式存放

GeoDataBase 中，再通过 ArcEngine 中的 MapControl 控件读取，实现显示、放大、缩小、漫游、数据叠加、信息查询等操作；其中的气象站点以点形式存放空间数据库中，再通过 ArcEngine 中的 MapControl 控件读取，实现显示、放大、缩小、漫游、数据叠加、信息查询等操作。

栅格结构中，点用一个栅格单元表示；线状地物用沿线走向的一组相邻栅格单元表示，每个栅格单元最多只有两个相邻单元在线上；面或区域用记有区域属性的相邻栅格单元的集合表示，每个栅格单元可有多于两个的相邻单元同属一个区域。栅格数据的存储格式是 GRID 格式。

辐射输出产品的命名，以 TGA03MJ100A 为例：第 1 位：T 表示起伏地形下，F 表示水平面；第 2 位：G 表示总辐射，B 表示直接辐射，D 表示散射辐射，R 表示地形反射辐射；第 3 位：0 表示逐年，A 表示气候平均；第 4～5 位：01～12 表示月份，0A 表示春季，0B 表示夏季，0C 表示秋季，0D 表示冬季，0E 表示全年；第 6 位：M 表示月总量，D 表示日均值；第 7 位：J 表示兆焦耳，W 表示千瓦时；第 8～10 位：表示网格大小，100 表示 100×100，10H 表示 10×10^2，10K 表示 10×10^3，10W 表示 10×10^4；第 11 位：A 表示整个区域。

数据的存储结构如图 10.5。

数据路径					说明
RadGIS	Bin	AppOutPut. Exe			可执行程序
		config. ini			配置文件
	太阳能	资料	地理数据	DEM	输入数据
				边界	
				台站表	
			气象资料		
			遥感资料	地表反照率	
			模拟系数		
		起始参数	地形开阔度		
			水平面天文辐射		
			起伏地形下天文辐射		
			起伏地形下可照时间		
			转换因子		
			辐射模型参数		输出数据
		模拟			

图 10.5　数据库中数据的存储结构图

10.2.2　太阳辐射计算分析模块

太阳辐射计算分析模块共包括辐射资源计算、辐射资源累加、站点数据提取和辐射资源统计四个功能菜单。

其中辐射资源计算中可以提供气候平均、年季总量、逐年逐月、年季(全年、春、夏、秋、冬)各尺度上的不同单位($MJ \cdot m^{-2}$、$kW \cdot h \cdot m^{-2}$)、不同量级(总量或平均量)、不同格网大小的太阳辐射栅格产品(图 10.6、图 10.7)。

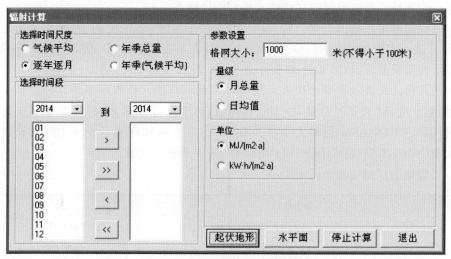

图 10.6　太阳能辐射计算模块

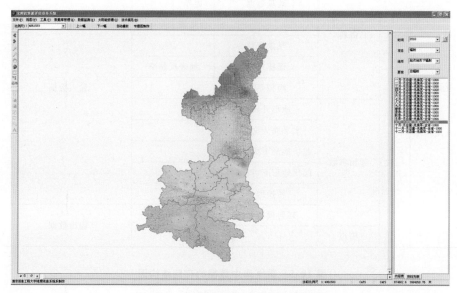

图 10.7　起伏地形下总辐射计算结果

辐射资源累加主要根据用户需求对同类辐射产品进行任意时段或时间上的累加,形成累加图(图10.8)。

站点数据提取主要是通过提取插值后的栅格数据值得到站点辐射数据(图10.9)。

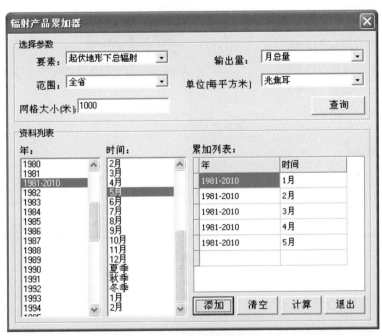

图 10.8　辐射产品累加

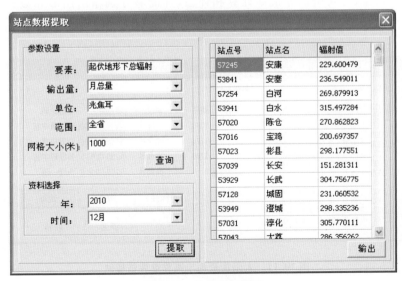

图 10.9　站点数据提取

辐射资源统计主要根据用户需要,在自定义的辐射量阈值上,对某一辐射产品进行面积的统计等,并生成统计图,数据值以表格形式输出(图10.10)。

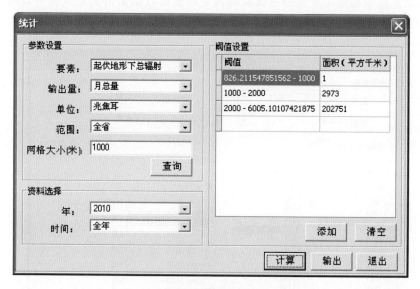

图 10.10 辐射产品统计

10.2.3 太阳能资源评估模块

太阳能资源评估模块主要是根据已经计算好的辐射数据结果,对其资源储量、可获得量、可利用量等指标计算和评估,并能够分别输出图形和数据文件(图 10.11—图 10.13)。

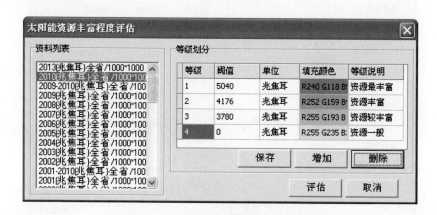

图 10.11 太阳能资源丰富程度评估模块

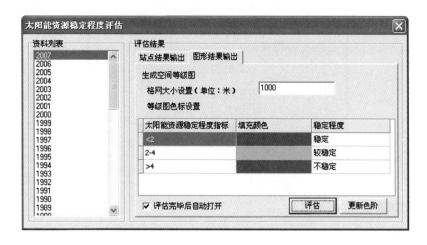

图 10.12 太阳能资源稳定程度评估模块

图 10.13 太阳能资源利用价值评估模块

10.2.4 GIS 辅助功能

(1)地理信息动态叠加显示

包括陕西省边界、县界、气象台站的动态叠加显示,为分析太阳能资源地区分布提供更详细的地理背景信息(图 10.14)。

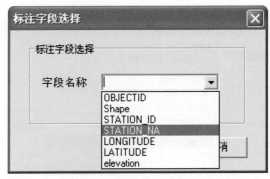

图 10.14　地理信息叠加显示

（2）地理空间数据操作

工具栏上显示的空间数据操作功能按钮（见图 10.15）依次为：回到前一屏幕范围 、显示下一屏幕范围 、任意放大 、任意缩小 、任意移动 、全景显示 、图形量测 、标定要素 、指定地点经纬度查询 经纬 。

图 10.15　地理空间数据操作工具

（3）地理空间属性查询

点击 ，然后在太阳能资源分布图上任意一点再次点击鼠标左键，则会弹出"标定对话框"，显示该点的位置信息和辐射信息（图 10.16）。

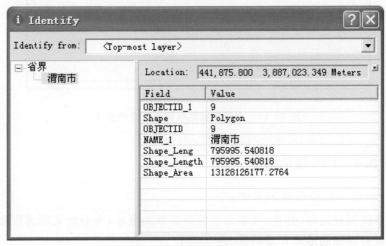

图 10.16　地理空间属性查询

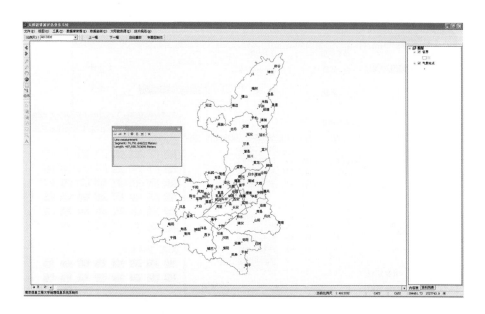

图 10.17　图形量算

点击 ，然后点击鼠标在太阳能资源分布图上连接任意控制点，即可进行距离量算和封闭区间面积量算（图 10.17）。

（4）栅格产品制作模块

根据太阳能资源评估结果，制作太阳能资源评估产品。产品内容主要为月、年全区太阳能资源评价和根据当地政府及相关部门的需要制作的专项评估产品。

专题图制作模板设置为用户提供了一个制作统一模板的空间，在这里可以进行标题（文本）的输入，修改，放置指北针、比例尺，选择纸张的大小和方向等。保存以后便按照此模板的内容出图，轻松做到一键制图。同时为了满足业务需要，对每一种辐射产品、日照等设置各自的色阶模板，系统提供模板对各个产品的色阶进行设置，模板字母 F 表示水平面，T 表示起伏地形，G 表示总辐射，B 表示直接辐射，D 表示散射辐射，R 表示地形反射辐射，SL 表示日照时间，Mid 表示中间参数等。选择不同的模板即为相对应的产品进行设置。模板的类型分为自然分阶和手动分阶两种。自然分阶是值根据数值出现比例由系统自动做出的分阶。手动分阶是指根据需要由用户输入每一阶的范围。（图 10.18—10.19）

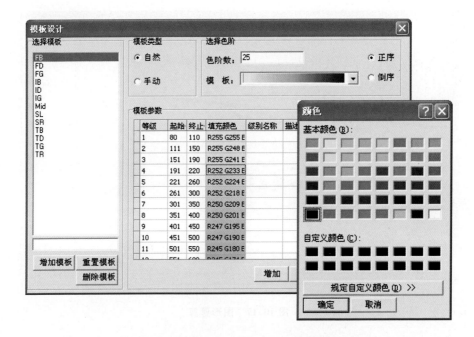

图 10.18　起伏地形下太阳总辐射图的色阶设置

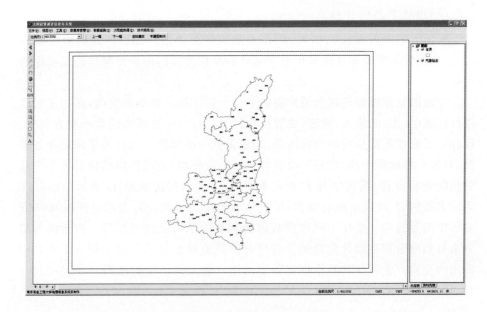

图 10.19　栅格产品制作

10.3 小结

本章对陕西省太阳能资源评估业务系统从系统设计、系统开发、系统功能等方面进行了详细而全面的说明和介绍,通过本章的研究,主要得出以下结论:

(1)陕西省太阳能资源评估业务系统主要由太阳能评估数据源组织与管理、功能库、应用层三层结构组成。系统功能主要包括太阳能资源数据库的管理;太阳能总辐射的计算、统计、显示和太阳能资源评估以及 GIS 的辅助功能等。系统采用 ArcEngine 作为底层开发平台。系统需要收集的数据源包括气象数据、地理数据、卫星辐射数据和陕西统计数据。系统界面设计包括功能菜单栏、工具栏、图像显示区、内容表、资料列表、系统状态栏等。

(2)本系统可以实现太阳能资源数据库管理,主要完成辐射观测数据的入库和历史辐射数据的查询。太阳辐射计算分析也可以通过本系统进行,系统的太阳辐射计算分析模块共包括辐射资源计算、辐射资源累加、站点数据提取和辐射资源统计四个功能菜单。同时也可对其资源储量、可获得量、可利用量等指标计算和评估,并能够分别输出图形和数据文件。

参考文献

方燕,马金花,高善峰,等.2008.风光互补发电系统中光伏方阵最佳倾角的计算方法[J].节能,**5**:18-20.

高国栋,陆渝蓉.1981.中国地表辐射平衡与热量平衡[M].北京:科学出版社.

韩鹏.2008.地理信息系统开发——ArcEngine 方法[D].武汉:武汉大学出版社.

邱新法.2003.起伏地形下太阳辐射分布式模型研究[D].南京:南京大学.

孙娴,姜创业,肖科丽,等.2009.山地太阳散射辐射分布式模拟[J].自然资源学报,**24**(2).

孙娴,林振山,王式功.2008.山区地形开阔度的分布式模拟[J].中国沙漠,**28**(2).

孙治安,高庆先,史兵,等.1988.中国可能太阳能总辐射的气候计算及其分布特征[J].太阳能学报,**9**(1):12-23.

孙治安,施俊荣,翁笃鸣.1992.中国太阳总辐射气候计算方法的进一步研究[J].南京气象学院学报,**15**(2):21-28.

王炳忠,张国富,李立贤.1980.我国太阳能资源及其计算[J].太阳能学报,(1):1-9.

翁笃鸣.1964.试论总辐射的气候学计算方法[J].气象学报,**34**(2):304-315.

翁笃鸣.1997.中国辐射气候[M].北京:气象出版社.

翁笃鸣,罗哲贤.1990.山区地形气候[M].北京:气象出版社:5-8.

中华人民共和国气象行业标准(QX/T89—2008).太阳能资源评估方法[S].

左大康,周允华,项月琴,等.1991.地球表层辐射研究[M].北京:科学出版社.

Ångström A.1924. Solar and atmospheric radiation[J]. *Q J R Met Soc*,**20**:121-126.

Copplino S. 1994. A new correlation between clearness index and relatives sunshine[J]. *Renewable Energy*, **4**(4):417-423.

Gueymard C. 2003a. Direct solar transmittance and irradiance predictions with broadband models. Part I: detailed theoretical performance assessment[J]. *Solar Energy*, **74**: 355-379.

Gueymard C. 2003b. Direct solar transmittance and irradiance predictions with broadband models. Part II: validation with high-quality measurements[J]. *Solar Energy*, **74**: 381-395.

Hay J E. 1979. Calculation of monthly mean solar radiation for horizontal and inclined surfaces [J]. *Solar Energy*, **23**(4):301-307.

Iqbal M. 1979. Correlation of average diffuse and beam radiation with hours of bright sunshine [J]. *Solar Energy*, **23**(2): 169-173.

Prescott J A. 1940. Evaporation from a water surfaces in relation to solar radiation[J]. *Trans RSoc S Aust*, **64**: 114-118.

U. S. Department of Energy. 2007. Assessment of Potential Impact of Concentrating Solar Power for Electricity Generation[R].